蜂鸟摄影学院 SONY

α7R Ⅲ

蜂鸟网 编著

微单摄影宝典

人民邮电出版社
北　京

图书在版编目（CIP）数据

蜂鸟摄影学院SONY α 7RIII微单摄影宝典 / 蜂鸟网编
著. -- 北京 ：人民邮电出版社，2018.8
ISBN 978-7-115-48743-8

Ⅰ．①蜂… Ⅱ．①蜂… Ⅲ．①数字照相机－单镜头反
光照相机－摄影技术 Ⅳ．①TB86②J41

中国版本图书馆CIP数据核字(2018)第139934号

内 容 提 要

　　蜂鸟网是全球知名的中文影像生活门户网站，拥有500万注册网友。蜂鸟网的器材频道以专业、严谨著称，其中蜂鸟数码影像评测室是国内最为专业的评测室。本次蜂鸟网集中了器材频道的优势技术力量，集合了众多版主和网友的优秀作品做成本书。

　　本书对SONY α 7RIII进行了较彻底的剖析，并从用户的角度由浅入深、循序渐进地讲解 α 7RIII的使用和拍摄技巧。全书共15章，细致讲解了 α 7RIII的最新技术特点和基础设置，深入解读了相机多种拍摄模式的特点及使用方法。书中对至关重要的对焦、测光、曝光、景深、快门速度、感光度、白平衡、照片风格、色彩空间等方面逐一进行专业剖析，并对闪光灯拍摄技术以及镜头、附属器材的选择和使用进行了细致入微的讲解。另外，根据摄影爱好者们的需求，本书不仅图文并茂地讲解了摄影的用光、构图和色彩问题，还对常见的风光、人像、花卉、夜景等摄影题材的实拍技巧进行了逐一阐述。

　　本书内容丰富、讲解扎实，相信会为广大摄影爱好者和该机型用户提供极大的帮助。

◆ 编　　著　蜂鸟网
　　责任编辑　胡　岩
　　责任印制　周昇亮
◆ 人民邮电出版社出版发行　　　北京市丰台区成寿寺路 11 号
　　邮编　100164　　电子邮件　315@ptpress.com.cn
　　网址　http://www.ptpress.com.cn
　　北京富诚彩色印刷有限公司印刷
◆ 开本：787×1092　1/16
　　印张：18.5　　　　　　　　　2018 年 8 月第 1 版
　　字数：713 千字　　　　　　　2018 年 8 月北京第 1 次印刷

定价：99.00 元

读者服务热线：**(010)81055296**　印装质量热线：**(010)81055316**
反盗版热线：**(010)81055315**
广告经营许可证：京东工商广登字 20170147 号

·前言·

近五年是数码影像器材空前发展的五年，很多家庭、摄影爱好者、影像从业人员都在这期间初次购买或多次升级了手中的影像器材。很多国内购买者都有这样一个习惯，那就是希望在自己可以承受的价格范围内购买最贵的器材。但实际花费超出预算的情况屡见不鲜。而国外的摄影爱好者和摄影师相对理智很多，经常可以看到国外的职业摄影师拿着中低端摄影器材进行拍摄。

究其原因，我想跟人们生活水平提高和对兴趣爱好的追求有很大关系。如果经济能力可以承受，大家更愿意选择更高级别的摄影器材。

事实上，与其升级一款更高级别的器材，不如将手中的器材使用得更好。多数用户仅仅使用了相机1/10的功能。如何将相机已有功能发挥好？如何通过开拓思路、提升手法提高作品的价值和拍摄成功率？这是比升级一款新器材更值得考虑的事情。

从2012年开始，蜂鸟网开始涉足摄影类图书的出版，《蜂鸟摄影学院单反摄影宝典》经过一年多的热卖取得了不错的销售业绩。如今我们又从摄影器材的角度出发，以服务网友为己任，出版这本以介绍摄影器材为主的图书。我们希望本书能为大家在摄影器材的选择上提供帮助，从而大家能将更多的精力放在对摄影本身的追求上。

最后，在本书上市之际，我们要感谢广大网友、读者关注蜂鸟网，信任蜂鸟网在器材类图书上能为大家提供帮助，另外还要感谢人民邮电出版社对摄影类图书出版的大力支持。

——蜂鸟网总编 窦瑞冬

资源下载说明

　　本书附赠视频教学相关文件，扫描"资源下载"二维码，关注我们的微信公众号，即可获得下载方式。资源下载过程中如有疑问，可通过在线客服或客服电话与我们联系。

客服邮箱：songyuanyuan@ptpress.com.cn

客服电话：010—81055293

扫一扫 学摄影

资 源 下 载
扫 描 二 维 码
即刻了解更多好书

目录 CONTENTS

SONY α7R Ⅲ

第4章　对焦学问大　058

第5章　光影明暗——测光与曝光　078

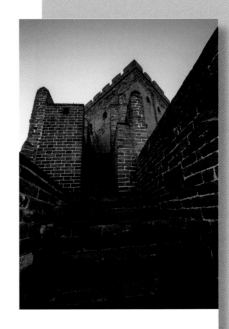

第12章 风光摄影 226

第13章 人像摄影实拍技法 250

第**1**章

2017 年秋季，索尼发布了索尼微单 α7R 的第三代产品：索尼微单 α7R Ⅲ；
这是一款追求综合性能的高像素微单产品。
索尼微单 α7R Ⅲ 可以看作 α9 和 α7 的合体，集二者的优势于一体，整体
的配置和性能也更加地倾向平衡，就连索尼在官网上对这款相机的定位也是
"影像画质新标杆"。

认识 SONY α7R Ⅲ

光圈 f/11、快门速度 1/200s、焦距 16mm、感光度 ISO100

1.1　SONY α7RⅢ相机综合测评

1.1.1　机身布局与设计理念：α7和α9的融合

α7RⅢ机身正面图

　　索尼自发布索尼微单™α7系列开始，定位就非常的清晰，所以产品的分类通过正面左上角的型号铭牌就可以了解。不过其具体的型号标识在正面并没有看到，这也基本是延续了索尼微单α7RⅡ成熟的设计，不过相对前一代产品，索尼微单α7RⅢ机身要更厚一些，同时在重量上也增加了不少（更改电池和双卡槽设计的缘故），当然厚度的增加也带来了更好的握持感。

　　此次索尼微单α7RⅢ机身背部的改变非常大，已经不再延续此前索尼微单™α7RII的按键布局，而是采用了和索尼微单™α9一样的按键布局。此次背部新增了可以直接改变对焦点位置的四方向拨杆，以及菜单左方默认快门模式切换的自定义按键，最重要的是出现了 AF-ON 按键。可能是索尼发现了索尼微单™α9优秀的操控更受大众喜欢，所以将其下沉到索尼微单α7RⅢ机身上。

α7RⅢ机身背面图

　　索尼微单α7RⅢ在机身两侧的设计也延续了索尼微单™α9的设计，双卡槽以及卡槽的开关是一样，数据接口的位置也一致。但不同的是，索尼微单α7RⅢ没有配备 LAN 网线接口，而是增加了 Type-C 数据接口。

α7RⅢ机身卡槽图

α7RⅢ机身卡口

　　索尼微单α7RⅢ机身顶部和底部仍然延续了此前索尼微单™α7RⅡ的设计，曝光补偿是独立的转盘，拍摄模式配备转盘锁，摄影者需要按住该拨盘锁，才能转动拍摄模式拨盘。而底部的铭牌可以看到其产地为中国，相比此前的泰国制造，这还是头一次看到。此外底部的固定螺丝变成了 9 颗（此前为 8 颗），和索尼微单™α9一样。

　　接下来再看看细节，索尼微单™α7RⅢ依然配备了金属材质的卡口设计，镜头卡口外围的橙色金属装饰圈也得以延续，而卡口右侧红色的字母"R"则表示完全去除了低通滤镜。卡口强度方面和上一代产品相比应该没有什么变化。

　　右肩和背部的按键布局可以看成是索尼微单™α7RⅡ以及索尼微单™α9的合体，不过和索尼微单™α7RⅡ相比，索尼微单™α7RⅢ快门释放按钮向下倾斜的角度要更小一些，这样也就让索尼微单™α7RⅢ在按动快门的时候更加的舒适。

　　索尼微单™α7RⅢ此次采用了和索尼微单™α9一样的 NP-FZ100 型电池，电池续航能力大大增强。根据官方的说法，NP-FZ100 型电池比此前 NP-FW50 型电池的续航能力提升了 2.2 倍。

α7RⅢ原装电池

数据接口方面，索尼微单 α7R III 此次设计了两个 USB 接口，一个传统的 Type-B（USB）和一个目前较流行的 Type-C。据索尼官方的工程师介绍，设计两个接口，是为了充电（Type-B）的同时还可以连接 PC（Type-C），而连接的方式是通过免费的 Image Edge 软件。

α7R III 机身端子口

1.1.2 感光度测试：ISO 6 400可用

索尼微单 α7R III 的原生感光度范围为 ISO 100~32 000，可扩展至 ISO 50~102 400。本次测试由蜂鸟网在室内进行，将机内高感光度降噪关闭，并在保持曝光一致的前提下，以 RAW+JPG 直出的方式逐级调整感光度数值。以下是 100% 放大截图区域；毛绒线条为暗部区域，金属胸针为亮部区域。

从测试图可以看出，索尼微单 α7R III 的高感表现还算不错，在 ISO 6 400 以前，画面没有明显的噪点，从 ISO 12 800 开始画面中噪点增多，同时出现小范围的彩躁，即便是到了最高 ISO 32 000（不含扩展）的感光度，仍然可以看到一定的细节。总体来说在看图片大图的情况下，索尼微单 α7R III 在 ISO 6 400 以前的画质都可以接受。这一切都是索尼改进了 Bionz X 图像处理引擎的功劳。

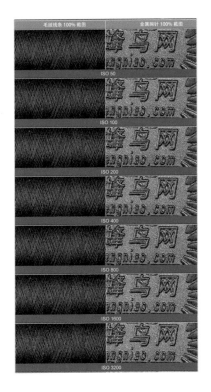

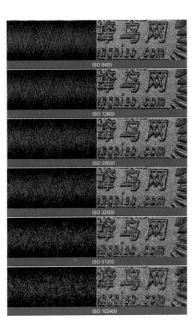

1.1.3 动态范围测试：表现不俗

动态范围是衡量一款数码相机的性能指标之一，针对索尼微单 ™ α7R III 这款机器，笔者对其动态范围进行了实际的测试。测试方法为正常曝光一张照片，随后正向与负向逐级整调调整曝光，最后通过后期软件将其曝光恢复至正常水平。测试条件为关闭降噪功能，将光圈与感光度数值分别调至 f/8 与 ISO 100，并以 RAW+JPEG 格式存储。

在减少曝光的情况下，索尼微单 α7R III 在 0EV 到 -3EV 之间的表现都还不错，-4EV 出现小面积的彩色噪点但可用，而在 -6EV 的时候画面细节损失严重，出现偏色现象等，-10EV 时更是出现死黑的现象。如果从严格意义上来说，0EV 到 -3EV 之间可放心使用，-3EV 到 -5EV 之间勉强可用，之后就基本不可用了。

增加曝光之后，机器在 0EV 到 +3V 之间的表现非常优秀，而在 +4EV 时，亮部区域明显出现细节丢失的现象，但画面锐度并未下降，同时也没有出现太大的色彩偏差，所以 +4EV 也属于勉强可用的范畴。综合来看，索尼微单 α7R III 的动态范围在 -5EV 以及 +4EV 之间都是可以用的。

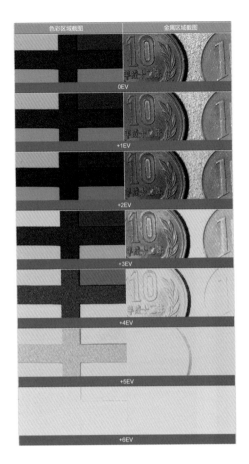

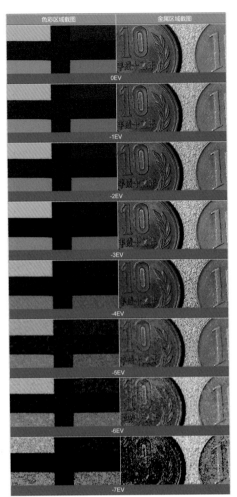

1.1.4 像素转换多重拍摄

在如今的数码时代，数码相机在不断进行技术上的升级改进。例如利用像素位移的技术，在传感器面积有限、像素数固定的情况下轻松拍摄出高于本身传感器像素几倍的照片，以此来满足人们对像素以及大幅面打印输出的需求。索尼微单 α 7R Ⅲ 本身拥有 4 240 万有效像素，即便是不搭载类似像素位移的技术，也可以轻松实现大幅面的打印需要，但在在这款机器上，索尼仍然为其配备了一个名为"像素转换多重拍摄"的功能，利用这个功能可以拍摄出更加高精度、高解析度的照片。

在相机内设定像素转换多重拍摄功能

像素转换多重拍摄功能的原理就是利用机身的 5 轴防抖功能，以 1 个像素增量精准位移，拍摄 4 个单独的像素移动影像，这样就包含了 1 亿 6 940 万像素的数据。当然拍摄完成的 4 张照片都是以 RAW 格式记录的，机内无法自动合成为一张照片，需要通过"Image Edge"智能影像应用中心的软件来进行处理和合成。

换言之，使用这个功能获得的影像要比现有像素（4 240万像素）直接拍摄的画面清晰度高4倍以上。虽然使用像素转换多重拍摄照片的最终合成像素数并没有变化，仍然为4 240万像素。但由于清晰度提高了不少，所以其对建筑、艺术品等其他静物或是具有复杂细节和颜色的拍摄对象有着更好的表现。注意：使用该模式并不能拍摄动态物体。

1.1.5 视频拍摄功能

索尼微单 α7R III 支持超清4K视频拍摄，也就是3 840×2 160分辨率的视频录制功能。唯一需要注意的是，设定4K视频拍摄时，帧频最高是25p，依然无法达到全高清视频所能支持的50p。

拍摄动态视频之前，要首先设定视频的格式，是选择4K视频，还是全高清设置。

设定比特率，有25p 100M和25p 60M两个选项

设定好4K格式视频之后，记录设置就会被确定。有25p 100M和25p 60M两个选项。比特率越高，拍摄的视频画质越细腻出众，相应的数据通信量也就越大，最终视频所占用的存储空间也会越大。

下面的表格中，列出了不同存储空间所能拍摄各种格式视频和比特率视频的时长。只有摄影者设定了 XAVC S HD 或 AVCHD 格式视频时，才会有更多的帧频和比特率可供选择。

在动态影像菜单内，设定拍摄4K格式视频

文件格式	记录设置	8GB	32GB	64GB	256GB
XAVC S 4K	25p 100M	8 分钟	35 分钟	1 小时 15 分钟	5 小时 15 分钟
	25p 100M	10 分钟	1 小时	2 小时 5 分钟	8 小时 35 分钟
XAVC S HD	100p 100M	8 分钟	35 分钟	1 小时 15 分钟	5 小时 15 分钟
	100p 60M	10 分钟	1 小时	2 小时 5 分钟	8 小时 35 分钟
	50p 50M	15 分钟	1 小时 15 分钟	2 小时 30 分钟	10 小时 25 分钟
	50p 25M	30 分钟	2 小时 25 分钟	5 小时	20 小时 10 分钟
	25p 50M	15 分钟	1 小时 15 分钟	2 小时 30 分钟	10 小时 25 分钟
	25p 16M	50 分钟	3 小时 50 分钟	7 小时 45 分钟	31 小时 25 分钟
AVCHD	50p 24M(FX)	40 分钟	2 小时 55 分钟	6 小时	24 小时 15 分钟
	50p 17M(FH)	55 分钟	4 小时 5 分钟	8 小时 15 分钟	33 小时 15 分钟

1.2　SONY α7RⅢ机身功能详解

1.2.1　机身正面功能详解

快门按钮
执行拍摄操作。快门按钮有2段行程，半按（第一行程）将相机从待机状态唤醒，启动测光和自动对焦，锁定测光值和/或对焦点（可根据自己的习惯进行设置）；完全按下（第二行程）释放快门，拍摄照片完成

AF辅助照明/自拍指示灯
在较暗的环境中发出辅助光，以帮助自动对焦系统工作；当相机设定为自拍模式时，按下快门按钮后，该灯会闪烁以提示拍摄对象快门释放的时机

镜头安装标记
安装镜头时将该标志与镜头上的记号对齐

相机型号标志
此处标志为α7系列，但并没有标注是第几代产品

前转盘
转动该转盘可以改变当前拍摄模式

遥控传感器
用于接收无线遥控器RMTDSLR（另售）发出的拍摄信号。但要注意，镜头或遮光罩可能会遮挡遥控传感器，影响信号接收，所以要避开镜头等遮挡物

影像传感器
CMOS影像传感器，利用光聚合技术和光电二极管扩展技术实现了高感光度和宽感光范围

镜头卡口
不锈钢材质的镜头卡口，用于连接镜头与机身

Wi-Fi/Bluetooth天线（内置）
使用本相机的Wi-Fi/NFC/Bluetooth功能，可以实现相机与其他设备的直接连接，可进行照片及其他数据的传输

镜头释放按钮
按住镜头释放按钮才能取下并更换镜头

镜头信号触点
负责镜头与机身之间的信号传递。使用中须保持接点的清洁，并避免刮擦

1.2.2 机身背面功能详解

取景器
电子取景器提供了近100%的视野率，可实时显示拍摄效果，摄影者视线无须离开取景器，即可直接查看曝光效果和设置拍摄参数，即使在低光照环境下也能呈现清晰明亮的影像

MOVIE（动态影像）按钮
用于录制动态影像（视频）

AF-ON按钮
拍摄时为AF-ON（AF开启）按钮，播放时为（放大）按钮

多功能选择器
拨动多功能选择器，对相机功能进行选择和设定，便可更准确地进行操作

AEL按钮
拍摄时为曝光锁定按钮，播放时为影像索引按钮

取景器眼罩
摄影者眼睛在靠近取景时，富有弹性的取景器眼罩可以对眼睛起到很好的保护作用，也可以避免硬物划伤取景器镜片

相机型号标志
此标记为标准且完整的相机型号

C3自定义按钮
摄影者可以根据自己的拍摄习惯对该按钮进行定义，以便快捷地进行操作

媒体插槽盖开关
用于盖住存储卡槽

控制拨轮
在拍摄状态下，旋转控制拨轮可以更改多项功能设定。拨轮同时也是一个4向按钮

MENU（菜单）按钮
按下该按钮会呼出操作菜单，其中涵盖了相机大部分的功能设定

Fn功能按钮
拍摄或回放阶段，该按钮具备多重功能，详情可查阅说明书

存取指示灯
显示相机数据处理状态。该灯亮起或闪烁表示正在从存储卡写入/读取/删除照片或传输数据，此时勿打开存储卡插槽盖、取出电池或剧烈摇晃撞击相机，以免图像数据或存储卡被损坏

回放按钮
拍摄完成后，按该按钮可以回放所拍摄的影像

液晶显示屏
显示拍摄设置、设定菜单、取景以及回放照片和动态影像，支持翻折

控制拨轮中间的确定按钮
按下中心按钮即确定所选项目

删除按钮
用于在回放时删除所拍摄的照片或视频等影像

1.2.3 机身右侧面功能详解

麦克风接口
如果连接外接麦克风，相机会自动从
内置麦克风切换到外接麦克风
如果使用插入式电源的外接麦克风，
本相机将为麦克风提供电源

耳机接口
可以连接3.5mm直径插头的耳
机，回放动态影像的音频

USB Type-C接口
该接口可用于与计算机等设备进
行通信，并可以对相机进行充电

同步端子
可用于接装带同步端子
线的闪光灯等

Multi/Micro USB端子
该端口与USB Type-C接口功能
相似，均可用于数据通信和充电

1.2.4 机身左侧面功能详解

Wi-Fi标记
该标记表示相机有无线Wi-Fi功
能，且该位置多为无线Wi-Fi信
号发射位置

N标记
将配备有NFC功能的智能手机与本
相机进行连接时触按此处

存储卡槽
为双卡槽设计其中一个可支持
UHS-II高速SD卡

1.2.5 机身顶面功能详解

C2自定义按钮
可以为该按钮分配自己常用的或
是喜爱的功能

影像传感器位置标记
标记表示影像传感器面的位
置。为了正确测量到拍摄对
象的距离，请将此线的位置
作为参考

模式旋钮锁定解除按钮
按下该按钮可以转动模式拨
盘，设定不同的曝光模式

C1自定义按钮
可以为该按钮分配自
己常用的或是喜爱的
功能

曝光补偿旋钮
为保证拍摄对象曝光正确，可以使用
曝光补偿功能改变相机自动测光值

多接口热靴
热靴用来安装外接闪光灯或引
闪器，相机通过闪光同步触点
与外置闪光灯传递信号

模式拨盘
转动模式拨盘，可设定不同的曝光模式

扬声器
用于播放视频时声音
的输出

屈光度调整旋钮
拉出屈光度调节器并旋转，可以改变屈光度。摄影者在拍摄前可根据自己的
视力调节至最佳状态，保证取景器中对焦准确的物体能够清晰显示

1.2.6 机身底面功能详解

三脚架安装孔
安装三脚架时，请使用螺丝长度小于5.5 mm的三脚架。螺丝长度超过5.5 mm时，无法牢固地将本相机固定在三脚架上，并可能会损坏相机

电池盖释放杆
扣住该释放杆可以打开电池盖

电池盖

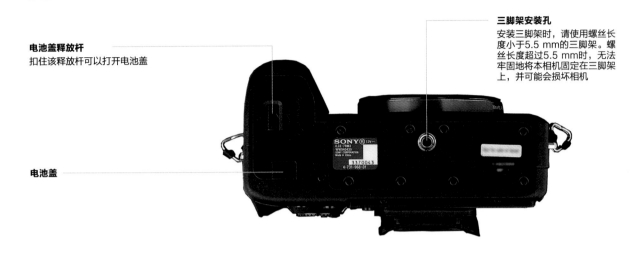

1.2.7 快速导航界面功能详解

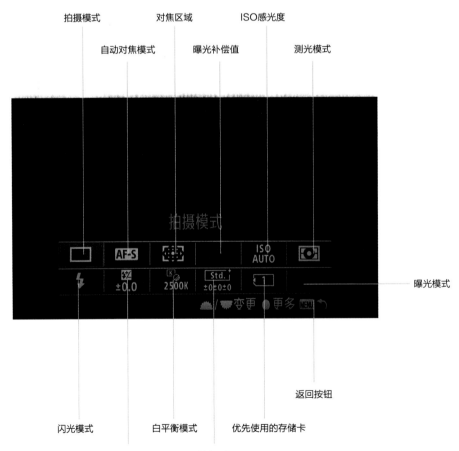

拍摄模式

对焦区域

ISO感光度

自动对焦模式

曝光补偿值

测光模式

曝光模式

返回按钮

闪光模式

白平衡模式

优先使用的存储卡

闪光补偿值

创意风格

1.2.8 液晶屏显示界面机功能详解

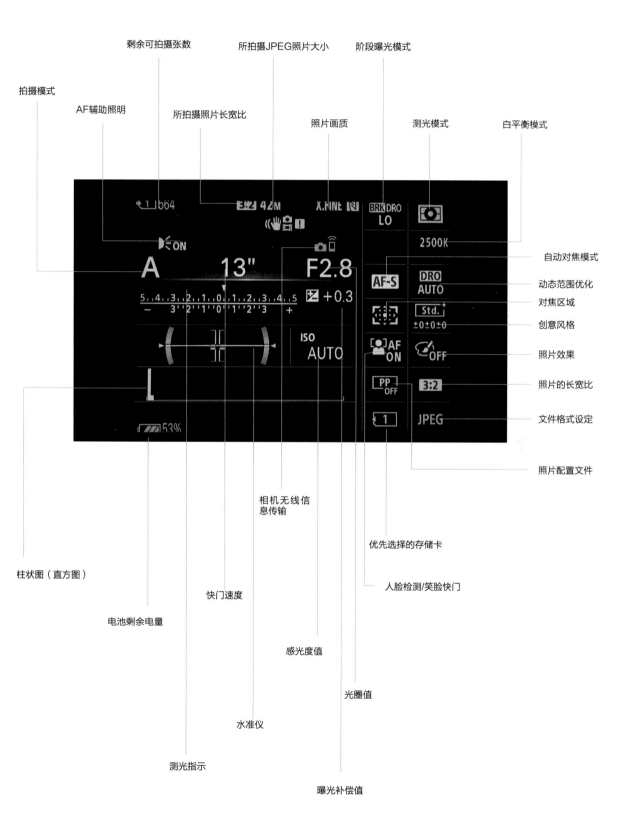

剩余可拍摄张数
所拍摄JPEG照片大小
阶段曝光模式
拍摄模式
AF辅助照明
所拍摄照片长宽比
照片画质
测光模式
白平衡模式
自动对焦模式
动态范围优化
对焦区域
创意风格
照片效果
照片的长宽比
文件格式设定
照片配置文件
相机无线信息传输
优先选择的存储卡
人脸检测/笑脸快门
柱状图（直方图）
快门速度
电池剩余电量
感光度值
光圈值
水准仪
测光指示
曝光补偿值

光圈 f/11，快门速度 1/30s，焦距 24mm，感光度 ISO100

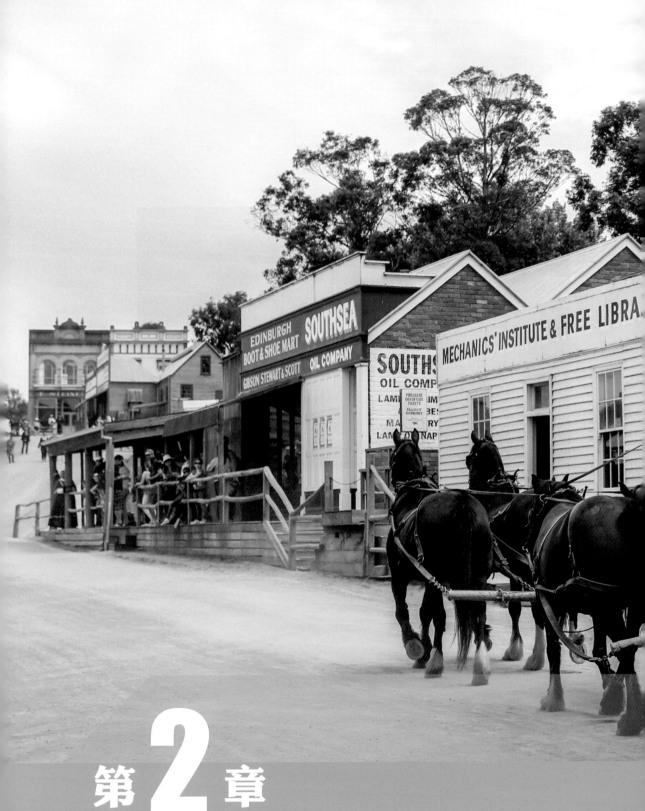

第 **2** 章

SONY α7R Ⅲ 数码单反相机的菜单设定比较人性化，几乎所有的拍摄、管理功能均可通过菜单操作实现，合理地设置相机菜单，能够帮助摄影者拍摄出更优质的照片。

相对来说，大部分的相机功能及菜单设定，都是非常简单的，因此在本章将针对一些常用的、重点的，以及一些较难理解的功能进行介绍，帮助摄影者熟练掌控自己的相机。

SONY α7R Ⅲ 重点功能 的最佳设定

2.1 拍摄菜单

2.1.1 文件格式

SONY α7R Ⅲ共有3种影像文件格式选项，包括 RAW、RAW&JPEG 和 JPEG。RAW 表示只拍摄 RAW 格式原文件，RAW&JPEG 表示拍摄 RAW 格式原文件和 JPEG 格式照片，JPEG 表示只拍摄 JPEG 格式照片。

小提示

不懂摄影后期的摄影爱好者可以拍摄JPEG照片，擅长摄影后期的摄影者，推荐拍摄 RAW+JPEG或RAW。

2.1.2 JPEG影像质量

JPEG是一种照片的文件压缩格式，在菜单中关于 JPEG 影像质量，有三种不同的压缩级别，分别为 X.FINE 超精细、FINE 精细、STD 标准。超精细的照片，压缩比例很小，这样有利于显示出更为细腻出众的画质，但相应的问题是照片占用的磁盘空间会增大。

设定为精细以及标准时，照片画质变差，但相应的照片所占空间就会变小。

2.1.3 JPEG影像尺寸

影像尺寸是指照片边长的像素值，通常以长边 × 宽边来表示。两者的乘积是个像素值，总像素值有特定的大小。正常情况下，α7R Ⅲ所拍摄超精细的 JPEG 格式照片大小为 7 952×5 304 像素，所占空间约为为 42MB；中等尺寸为 5 168×3 448 像素，所占空间约为 18MB；最小的照片尺寸为 3 974×2 656 像素，所占空间约为 11MB。

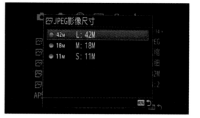

小提示

拍摄尺寸最大的文件是摄影创作比较常见的选择。除非是因为存储卡容量不够，或照片只为旅游纪念、网络发布等用途，否则不需要调小影像。

2.1.4　照片长宽比

该功能用于设定所拍摄照片的长宽比。当前主流的摄影作品长宽比为3：2，另外16：9、4：3和1：1等长宽比也很常见。α7R III相机内包括了3：2与16：9这两种长宽比。

3：2起源于35mm电影胶卷，当时徕卡镜头成像圈直径是44mm，在中间画一个矩形，长约为36mm，宽约为24mm，即长宽比为3：2。由于当时徕卡在业内是一家独大，几乎就是相机的代名词，因此这种画幅比例自然很容易被业内人士接受。

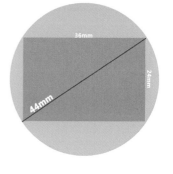

虽然3：2的比例并不是徕卡有意为之，但这个比例更接近于黄金比例却是不争的事实，这个美丽的误会，也是3：2能够大行其道的另外一个主要原因。

绿色圆为成像圈，中间的矩形长宽比为36：24，即3：2

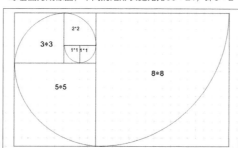

这种金色螺线的绘制，其实也是绘制黄金比例的一个过程。可以看到，这种长宽比更接近于当前照片主流的3：2的比例

光圈 f/2.8，快门速度 1/200s，焦距 168mm，感光度 ISO320

3：2的长宽比，即便是在照片内部，也可通过各种划分（如黄金分割、三等分等）来安排拍摄对象的位置。这样既可以让拍摄对象变得醒目，又符合天然的审美规律

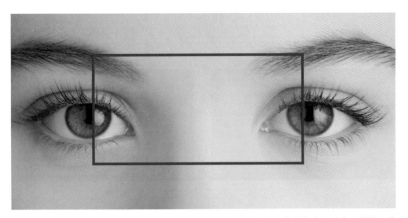

人眼是左右分布的结构，在视物时，习惯于优先从左向右观察，而非从上向下观察。所以一些显示设备，比较适合作为宽幅的形式

大家可以认为 16:9 代表的是宽屏系列，因为还有比例更大的 3:1 等。16:9 这类宽屏，起源于 20 世纪，影院的老板们发现宽屏更能够节省资源、控制成本，并且符合人眼的观影习惯。

从 21 世纪开始，以计算机显示器、手机显示屏等硬件研发与生产为主的厂商，发现 16:9 的宽屏比例更适合播放投影，并可以与全高清的 1920×1080 比例相适应，因此开始大力推进 16:9 比例的屏幕。近年来，大家可以发现，手机与计算机屏幕几乎是 16:9 的天下，很少再看到新推出的 4:3 比例显示设备了。

光圈 f/13，快门速度 30s，焦距 35mm，感光度 ISO100，曝光补偿 –1EV

左右结构的宽画幅形式，比较适合呈现大的风光场景，能够容纳更多景物，符合人眼视觉规律

2.1.5 APS-C与Super 35mm设定

相机的全画幅尺寸为 36×24mm，APS 画幅是一种尺寸更小的画幅形式。APS 画幅有 APS-H、APS-C、APS-P 三种画幅规格，APS-H 型的画幅为 30.3×16.6mm，长宽比为 16：9；APS-C 型是在 APS-H 画幅的左右两头各挡去一端，尺寸为 24.9×16.6mm。从这个角度看，如果以 APS-C 的尺寸来拍摄，就表示要缩小 CMOS 感光元件的成像区域。

Super 35mm 与 APS-C 两者的尺寸基本相当。唯一的区别在于 Super 35mm 属于"数字电影摄影机"中的画幅标准，继承的却是胶片电影机的规格。

在 α7R III 中，该菜单的功能是指将画幅缩小至 Super 35mm\APS-C 尺寸的意思。将画幅缩小 1.5 倍，镜头视角会随之变小。

2.1.6 多重测光时人脸优先

开启该功能后，如果使用多重测光的方式，那么相机会以检测到的人脸信息为基准进行测光，这样可以确保人面部有最准确的曝光，这也是拍摄人像类题材时最重要的一点。如果关闭，那相机会以正常的多重测光方式进行测光。

2.1.7 人脸登记

使用人脸登记功能，可以注册和编辑想要优先对焦的人物。而用人脸登记设定了优先顺序后，拍摄对象中优先顺序最高的人脸会被自动选择，并进行对焦。

2.1.8 取景器和显示屏显示的信息

拍摄照片时，要通过液晶屏或是取景器进行取景。该功能用于设定显示屏或取景器界面显示的信息。比如说可以让界面上显示水平线、直方图，也可以设定取景界面上不显示这些信息。具体设定时，只要按控制拨轮的 DISP 按钮，液晶屏显示信息就会在显示全部信息／无显示信息／柱状图／取景器之间切换。

设定显示屏显示或是不显示的信息

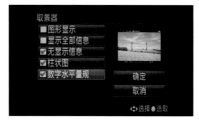

设定取景器内界面显示或是不显示信息

2.1.9 构图辅助线

摄影师可以考虑把此项功能开启，让取景器中显示网格线，以方便摄影师用来作为构图参考和判断画面水平度，此功能预设值为"关闭"。对于经常拍摄相当讲究水平及垂直照片的摄影师而言，可以把这个功能开启，对快速构图有一定的帮助。

2.2 拍摄菜单

2.2.1 照片保护

为了防止失误操作而删除掉重要的照片，可以对这些照片进行保护设定。设定受保护的影像上会显示特定标记。

2.2.2 照片旋转

回放照片，横向放置相机时，如果照片为竖构图，那使用旋转功能可以将照片旋转90°，便于摄影者可以正常视角观看照片。

2.2.3 照片评级

一次性拍摄大量照片，照片的品质及艺术感也会有较大差别。摄影者在回放观看照片时，可以根据照片的实际情况进行标注。例如，必定要保留，并要进行后续更多艺术加工的照片，可以标定为 4 星的评级；而几乎不用进行后期深度加工就已经非常完美的照片，可以

评定为 5 星。至于 1 星、2 星和 3 星的照片，则可以根据实际情况来进行标注。

2.2.4 显示旋转

摄影师观看照片时，每次显示直幅拍摄的照片，相机会自动将其旋转至竖直方向。

该功能主要是指回放竖拍的照片时，照片能够旋转 90°，便于摄影者平持相机时看到竖直的照片。

如果关闭该功能，将始终横向显示记录的影像。

2.3 设置菜单

2.3.1 显示屏与取景器亮度

利用这项设定，摄影者可以改变液晶屏显示的亮度。

理想的显示屏亮度是在观看的环境中，能准确看到照片明暗和色彩层次的差异及变化。若显示屏的亮度数值设定得太低，暗部变得不太清楚；若显示屏的亮度数值设定得太高，暗部则不够黑，亮部也可能难以看出细节。

而对于电子化程度很高的 α7R III 来说，取景器的亮度与液晶显示屏亮度的设定，其意义是一样的。

小提示

由于在不同的照明环境下观看显示屏，会有不同的视觉效果，建议摄影者根据所处的照明环境，灵活地改变显示屏的亮度。这会有利于摄影者更为准确地观察所拍摄照片的曝光状态。

2.3.2 自动关机开始时间

可以设定从没有操作时到进入自动关机（节电）模式的时间，防止电池的消耗。如果进行半按快门按钮等操作，便能够恢复拍摄。

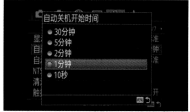

小提示

不对相机进行任何操作时，相机是会一直处于测光状态的，最简单的例子是开启实时取景功能时，可以发现夜景监视器一直显示曝光准确的画面。

2.3.3 版权信息

这项设定可以让摄影师为每张照片添加版权信息，例如摄影师名字、版权拥有者等。这是很好用的功能，建议摄影者不妨善用这项设定，为每张照片都加上版权信息，保护自己照片的版权，并且在拍摄前设定好，做到无后顾之忧。

小提示

如果要将相机借给别人，最好在借出相机前，先将版权信息关闭，以免引起不必要的误会。

2.3.4 文件序号

每拍摄并存储一张照片，照片会特定的编号排定次序。在该页菜单有"系列"和"复位"两个选项，设定为"系列"时，照片会从 0 001 的编号开始，到 9 999 的编号结束；设定为"复位"时，不同的文件夹中，均是从 0 001 开始，到 9 999 结束，这样就会存在一个问题，

一旦将不同文件夹的照片混放在一起，就会出现照片编号冲突的问题。所以通常情况下，要选择"系列"选项。

2.3.5 设置文件名

利用"文件命名"功能，摄影师可选择 A ～ Z 及数字 0 ～ 9，作为新文件的预设字头。当完成更改文件名称字头后，相机会把 sRGB 及 Adobe RGB 照片以不同方式标示。例如，将照片文件名设定为 WZL 后，sRGB 的照片名即为"WZL 编号"，Adobe RGB 的照片名为"_WZL 编号"。

小提示

摄影师可以用自己姓名或常用识别英文作为影像的预设字头，这样方便识别，尤其适合那些每次都进行大量拍摄的摄影师，方便对照片进行分类存档。

2.3.6 恢复默认的出厂设置

如果摄影者对相机菜单的各种功能不算熟悉，但又进行了大量菜单设定，或者是摄影者对菜单进行过太多设定，让相机的拍摄产生了诸多混乱，可以将相机的设定恢复出厂设置，即恢复初始的默认状态。

2.4 我的菜单

"我的菜单"这项功能，其实是很贴心的。是指将摄影者经常使用的对焦菜单设定、曝光菜单设定、画质设定、照片格式设定等功能，移动到"我的菜单"内，集中起来。这样做有很大的好处，下次拍摄时，摄影者没有必要进入不同的菜单找不同的功能进行设定，而只要在"我的菜单"内，就可以集中设定常用的重要功能，快速实现拍摄。这样可以节省拍前的准备时间，提高拍摄效率。

光圈 f/8，快门速度 1/180s，焦距 43mm，感光度 ISO200，曝光补偿 +0.5EV

第**3**章

在拍摄一张照片前，首先需要选择曝光模式。P、S、A、M曝光模式的基本原理是
在指定前提下，光圈与快门在相机测光数据指导下形成的组合设定。当光线条件
确定时，无论采用哪种曝光模式，都可以获得相同的曝光量。在实拍中可以发现，
有时在不同曝光模式下，会得到相同的曝光组合。通过变换曝光模式进行拍摄和
对比，可以更好地了解不同曝光模式之间的差异，更好地掌握不同曝光模式的使
用技巧。

SONY α7R Ⅲ 的性能与设计风格都更趋近于高级别的专业机型，所以本章主要介
绍5种专业的曝光模式：P，程序自动；S，快门优先自动；A，光圈优先自动；M，
手动。这是所有数码单反相机都具备的标准配置，可以满足所有摄影创作的需求，
以及由M模式延伸出来的B门模式。

如何根据自己的拍摄对象选择恰当的曝光模式是令很多摄影初学者困惑的问题。
其实P、S、A、M模式的基本原理并不复杂，它们各自有其不同的特点，适合不同
的拍摄场景。同时，相机在不同曝光模式下可用的功能也有区别。摄影者有必要
对其进行深入了解，并熟悉各个曝光模式的不同特点及其适用的题材和场景。

开始创作
——各种曝光模式的特点与适用场景

3.1　轻松进入创作状态——P程序自动曝光

程序自动曝光模式俗称"P挡"，是摄影爱好者最容易上手的创意拍摄模式，适合刚刚入门的新手或是在光线复杂的环境下抓拍，可以广泛应用于各类拍摄题材，尤其是在拍摄大场景的风光照片时，借助相机的自动设置功能可以轻松达到画面景物由远及近都十分清晰的效果，亮度和色彩表现也非常出色。

在程序自动曝光模式下，相机通过自动测光的结果，提供光圈和快门速度的合理组合。P程序自动曝光模式通常会在保证手持拍摄稳定的前提下控制合理的景深范围，保证画面能够清晰呈现。在程序自动曝光模式下，光圈和快门速度由相机自动设定，但是摄影者可以针对实际情况进行更改或是曝光补偿操作。

初学者使用P挡拍摄的成功率较高，但是由于光圈与快门速度的组合是相机自动设定的，在面对一些特殊场景时，可能无法获得最佳的视觉效果。

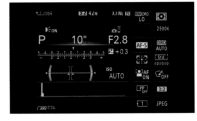

P模式下的液晶显示屏界面

3.1.1　P模式特点

相机根据光线条件自动给出合理的曝光组合，光圈和快门速度均由相机自动设定。

3.1.2　P模式适用场景：无须进行特殊设置的题材

光圈 f/8，快门速度 1/90s，焦距 43mm，感光度 ISO200

■ 旅行留影

旅行途中拍摄纪念照，注重的是清晰明确的展现所见，无须进行过多的拍摄设置。使用P挡在各种天气条件下都可以得到较理想的曝光效果，且光圈和快门速度的组合可以确保图像清晰

■ 街头抓拍

光圈 f/5.6，快门速度 1/400s，焦距 21mm，感光度 ISO500，曝光补偿 –2EV

太阳落山前最后一束光线投射到城门洞一侧的墙上时，骑自行车的父亲载着女儿驶过。抓拍这种场景，P 模式非常适合，基本能够确保画面各部分曝光都比较准确

■ 光线复杂

光圈 f/3.2，快门速度 1/6s，焦距 24mm，感光度 ISO400

抓拍纪实作品，瞬间的把握最关键。相机设定在 P 挡程序自动曝光模式，摄影师可以将技术问题都交给相机解决，而把注意力更多集中在拍摄对象身上，随时捕捉精彩的镜头

3.1.3 P模式进阶：柔性程序，不同光圈与快门速度组合提高作品的表现力

在使用α7RⅢ的程序自动模式拍摄时，相机会自动设定出光圈与快门速度的曝光组合。在此基础上，摄影者可以在曝光测光开启时，通过旋转主指令拨盘，在保持曝光量不变的基础上选择不同快门速度和光圈组合，即"柔性程序"。

如EV值为12时（晴天，顺光拍摄），相机会自动将曝光组合设定为光圈f/5.6，快门速度 1/125s，摄影者可以使用柔性程序选择f/8、1/60s的组合或f/4、1/250s的组合等。

相同曝光量（EV值12）的不同曝光组合（光圈×快门速度）如下。

f/16 × 1/15s	f/8 × 1/60s	f/4 × 1/250s	f/2 × 1/1 000s
f/11 × 1/30s	f/5.6 × 1/125s	f/2.8 × 1/500s	f/1.4 × 1/2 000s

光圈 f/3.2，快门速度 1/320s，焦距 100mm，感光度 ISO100

拍摄此组花卉时，设定P模式可以确保画面曝光准确，而通过调整拍摄时的焦距与快门速度组合，让光圈放大，这样画面的景深变浅，使画面的整体变得柔和而有秩序。

光圈 f/5.6，快门速度 1/250s，焦距 200mm，
感光度 ISO200，曝光补偿 –0.7EV

程序自动曝光模式下利用柔性程序功能，摄
影师可以灵活地操控光圈，得到与光圈优先
自动曝光异曲同工的效果

通过设定不同的快门速度和光
圈组合，可以控制景深与背景虚化程
度、凝固运动物体或是加强动感，得
到不同的影像效果。摄影者使用程序
自动模式加柔性程序，可以轻松实现
个人的拍摄创意，熟悉操作方法后可
以替代光圈优先模式（A）和速度优
先模式（S）使用。

3.2 凝固高速瞬间或表现动感——S快门优先自动曝光

快门优先又称速度优先，由摄影者设定所需的快门速度，相机根据测光数据设定相应的光圈数值。快门优先是拍摄体育运动、野生动物、流水等题材时常用的拍摄模式，可以通过高速快门凝固住运动的瞬间，或利用慢速快门创意地表现运动中的拍摄对象。

快门优先自动曝光多用于拍摄动体或是要表现速度感的题材，快门速度的设定应当根据拍摄对象的运动速度决定。选择适当的快门速度需要积累丰富的拍摄经验，想获得成功的作品，摄影者需要多尝试不同的快门速度。

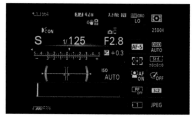

S模式下的液晶显示屏界面

3.2.1 S快门优先模式的特点

摄影者控制快门速度，有利于抓取运动拍摄对象的瞬间画面或是刻意制造模糊表现动感。快门速度由摄影者设定，光圈数值由相机根据测光结果自动设定。

小提示

快门速度设定后，相机会记忆设定的快门速度并默认用于之后的拍摄。测光曝光开启（或半按快门激活测光曝光）时，旋转主指令拨盘可以重新设定快门速度。

3.2.2 快门与快门速度的含义

快门（Shutter）是相机控制曝光时间长短的装置，分为帘幕式快门（多用在单反和单电相机）和镜间快门。快门只有在按下快门钮时才会打开，到达设定时间后关闭。光线在快门开启的时间内透过镜头到达感光元件。快门速度的设定决定光线进入的时长。

■ 快门速度的表示方法

快门速度是快门的重要参数，其标注数字呈倍数关系（近似）。

标准的快门速度值序列如下。

……2s、1s、1/2s、1/4s、1/8s、1/16s、1/30s、1/60s、1/125s、1/250s、1/500s、1/1 000s、1/2 000s……

SONY α7RⅢ的快门速度从30s~1/4 000s，还可以设置B门（B门——按下快门按钮，快门开启；放开快门按钮，快门关闭。曝光时间由摄影者决定，多用于夜景拍摄）。

快门速度每提高一倍（如从1/125s换到1/250s），感光元件接收到的光量减少一半。

快门速度：1/800s

快门速度：1/200s

快门速度：1/4s

快门速度：2s

不同快门速度下拍摄的照片对比。在高速快门挡，可以看清水流和飞溅的水滴。而在低速快门挡，流动的溪水呈现丝绸状，更具动感

常见题材的快门速度范围

题材	流动的车灯	瀑布与小溪	移动的人物	体育比赛	飞翔的鸟	高速赛车
快门速度范围	15～30s	1/2～5s	1/250s	1/800～1/1 000s	1/1 250～1/1 500s	1/2 000s以上

■ 依据对象的运动情况设置快门速度

运动之中拍摄对象在快门开启的曝光时间内会产生位移，因此最终记录下来的影像是否清晰，由物体运动速度和快门速度共同决定。拍摄对象运动速度越快，相应使用的快门速度也要越快，才能保证拍摄对象不会模糊。此外，拍摄对象运动的方向、所使用的镜头焦距和拍摄距离都会影响到最终的画面效果。在设定快门速度的时候需要综合考虑以上因素。

一般来说，快门速度快于1/500s，可以记录高速运动下拍摄对象的精彩瞬间，如体育运动、飞鸟走兽、汽车飞机等；快门速度慢于1/2s，可以让运动的车灯或溪水表现出流动的感觉，如流水、街道夜景等。根据拍摄对象运动的速度不同，设定相应的快门速度，可以得到理想的照片效果。

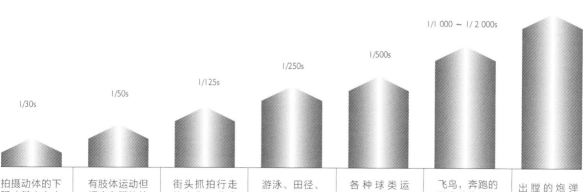

1/30s	1/50s	1/125s	1/250s	1/500s	1/1 000～1/2 000s	1/4 000s
拍摄动体的下限（基本上也是不使用镜头防抖功能时手持拍摄的快门速度下限）	有肢体运动但幅度有限的拍摄对象、电视机（显示器）屏幕等	街头抓拍行走的人物、儿童及跑动的宠物等	游泳、田径、长跑、体操、自行车等	各种球类运动，马术，跳水，对抗性项目（如拳击，跆拳道），疾驰的机动车等	飞鸟，奔跑的野生动物，飞行特技，高速赛车，短跑冲刺的瞬间，飞溅的浪花等	出膛的炮弹（子弹），棒球手投球、接球的瞬间，网球运动员发球等

光圈 f/5.6，快门速度 1/800s，焦距 16mm，感光度 ISO100

拍摄极速运动的人物，常需要高速快门的配合。在无法确定多快的快门速度能够凝结瞬间静态
画面时，应设定尽量快的快门速度

■ 慢速快门的应用

一般把低于 1/15s 的快门速度视作慢速快门，由于曝光时间较长，通常会使用三脚架辅助拍摄。在使用慢速快门时，轻微的手抖和机震都会影响到画面的清晰度，因此摄影师应当格外留意，条件允许的话尽量使用快门线、遥控器和反光镜预升功能，或是采用自拍延时功能。

通常在光线较暗、为避免产生噪点降低画质又不能使用过高感光度的时候，需要使用慢速快门。另外，还有一些特定场景，运用慢速快门可以获得独特的影像效果。

光圈 f/6.3，快门速度 1/60s，焦距 19mm，
感光度 ISO1 000，曝光补偿 –0.3EV

在一些光线不是很理想的场景中，如果设定高速快门，那么就需要使用较高的感光度才能实现，这会降低照片画质。而采用慢速快门拍摄，则可以得到更出众的画面效果

慢速快门拍摄参考设定

场景	建议使用的快门速度
闪电、烟花、星空（地球自转形成的旋转轨迹）	B门
日落之后或日出之前的夜景	1～30s
城市夜景、月夜、流水	1/4～1s
夜景人像（配合闪光灯慢速同步）、灯光照明为主的室内环境	1/15～1/4s

光圈 f/10，快门速度 20s，焦距 24mm，
感光度 ISO100

本画面为典型的慢门夜景。静止的路灯、道路标识和交通标志牌都是清晰的，而行驶中的车辆只留下尾灯拉出的红色光带

光圈 f/11，快门速度 1/320s，焦距 160mm，感光度 ISO250

使用 80-200mm 变焦镜头的长焦端拍摄鸟的特写。由于镜头没有防抖功能，因此快门速度设定为
1/320s，确保照片的清晰度

■ 安全快门速度

所谓安全快门速度，就是在拍摄时可以避免因手持相机抖动造成的画面模糊。镜头焦距越长，手抖动对画面清晰度的影响越大，此时安全快门速度也就越快。

这里提供一个简便的计算公式：

安全快门速度 ≤ 镜头焦距的倒数。

例如，50mm 的标准镜头，其安全快门速度是 1/50s 或更快；200mm 的长焦镜头，其安全快门速度是 1/200s 或更快；24mm 的广角镜头，其安全快门速度是 1/200s 或更快。

这是一个方便记忆和计算的公式，在拍摄时可以将其作为快门速度设定的指导。不过在这个公式里，没有将拍摄对象的运动考虑进去。实际上，在拍摄对象高速运动时，即使自动对焦系统保证追踪到拍摄对象，但如果快门速度不够，最终拍摄到的照片也仍有可能是模糊的，根据焦距计算出的安全快门速度只能作为摄影师的参考之一。

另外需要注意的是，由于 SONY α7R Ⅲ 拥有超过 4 000 万的像素，即使是很轻微的模糊也会在计算机屏幕 100% 回放时看得一清二楚，因此有必要提高安全快门速度的下限。建议摄影者在未使用三脚架拍摄时，将常用公式计算得到的安全快门速度提高到原来的 2 倍——也就是说，当使用 50mm 的标准镜头，快门速度应设置为 1/100s 或更快，这样可以充分发挥高像素的优势。

3.2.3 S模式适用场景：根据拍摄对象运动速度呈现不同效果

　　在进行体育运动和动感人像的拍摄创作时，摄影师可以利用高速快门凝固运动中人物的姿态，精彩的瞬间被高速快门记录下来，可以呈现出不同寻常的影像效果。

　　在行驶的车辆上抓拍窗外的景色时，也可以使用快门优先自动模式。人和相机位于运动的车上，原本静止的风景处于相对高速的运动中，此时如想拍摄到清晰的风景照片，需要按照拍摄高速动体的规则来实现，使用1/500s甚至更快的快门速度。

■ 野生动物

光圈 f/4，快门速度 1/2 000s，焦距 500mm，感光度 ISO800，曝光补偿 +0.7EV

使用 500mm 的长焦镜头手持拍摄，还要得到远处海鸟非常清晰的画面，较快的快门速度是必不可少的

光圈 f/22，快门速度 1s，焦距 36mm，感光度 ISO50，曝光补偿 –0.7EV

将流动的水拍出薄纱飘动的感觉，必须使用长时间曝光技巧。使用快门优先自动曝光模式，将曝光时间设为 5s，瀑布流水连成一片，形成丝绸般的质感，烘托出梦幻的气氛

光圈 f/5.6，快门速度 1/1 000s，焦距 500mm，感光度 ISO200，曝光补偿 –0.3EV

运动中的人物距离机位相对较近，这样相对速度会更快，要拍摄到这种人物清晰的瞬间，就需要使用更快的快门速度

■ 动感光绘

光圈 f/22，快门速度 30s，焦距 40mm，感光度 ISO50

顾名思义，光绘技法就是利用光源作为"画笔"，在黑暗背景的衬托下，运动的光源经过长时间曝光描绘出美妙的图案。光绘可以利用电筒在空中绘制图案与文字，或是勾勒建筑等景物的边缘，还可以记录下道路上川流不息的汽车尾灯。这个技巧多运用于夜景拍摄，通常需要数秒以上的曝光时间。在拍摄时，摄影师需特别设定低速快门，让行驶中的车辆形成模糊的彩色光影，为画面增添动感

3.3 控制画面景深范围——A光圈优先自动曝光

光圈优先自动曝光是由摄影者根据场景，设定所需的光圈值大小，由相机根据测光数据自动决定合适的快门速度。在拍摄风光、人像、建筑、微距等题材时，光圈优先自动曝光模式可以通过调整光圈的大小，控制作品中景物清晰与虚化的范围，令拍摄对象更为突出。

光圈优先是摄影师最常选用的自动曝光模式，摄影者通过需要的景深对光圈进行设定，快门速度则由相机自动曝光系统决定。在此基础上，摄影者还可以决定是否进行曝光补偿以及确定曝光补偿的数值。

A模式下的液晶显示屏界面

3.3.1 A光圈优先模式特点

由摄影者控制光圈大小，来决定背景的虚化程度：光圈由摄影者主动设定，快门速度由相机根据光圈值与现场光线条件自动设定。

光圈值设定后，相机会记忆设定的光圈并默认用于之后的拍摄。测光曝光开启（或半按快门激活测光曝光）时，旋转副指令拨盘可以重新设定光圈。

3.3.2 了解光圈

■ 光圈的结构

光圈（Aperture）是用来控制光线透过镜头照射到感光元件上光量的装置，通常安装在镜头内部，由 5 ~ 9 个光圈叶片组成。

■ 光圈值的表现形式

光圈的大小用 f/ 值表示：

光圈 f/ 值 = 镜头的焦距 / 镜头口径的直径

f/ 值是镜头焦距除以光圈孔径得到的数据，而光线通过的面积与其直径的平方成正比，因此光圈值的变化是以 2 的平方根（约 1.4）的倍数关系变化的。

镜头上使用的标准光圈值序列：

f/1、f/1.4、f/2、f/2.8、f/4、f/5.6、f/8、f/11、f/16、f/22、f/32、f/44、f/64……

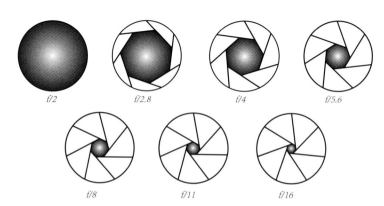

f/2 f/2.8 f/4 f/5.6

f/8 f/11 f/16

■ 光圈对成像质量的影响

对于大多数镜头来说，缩小两级光圈即可获得较佳的成像质量。通常光圈缩小到 f/8~f/11 的区间可以获得最佳成像。过大（如最大光圈）或者过小的光圈（小于 f/11）均会使成像品质下降。

■ 光圈对曝光的影响

光圈代表镜头的通光口径。当曝光时间固定时，大光圈意味着进光量较大，曝光程度高。因此在照片曝光不足时，可以通过开大光圈来得到正确的曝光。而光线很强烈时，就需要适度缩小光圈。

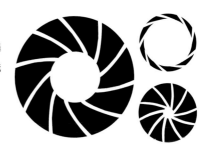

■ 不同光圈的特点

拍摄特写常用到大光圈，利用浅景深得到虚化的背景，突出拍摄对象；拍摄风景则大都用小光圈，以得到尽可能大的景深，此时画面从近到远都很清晰，信息量丰富。

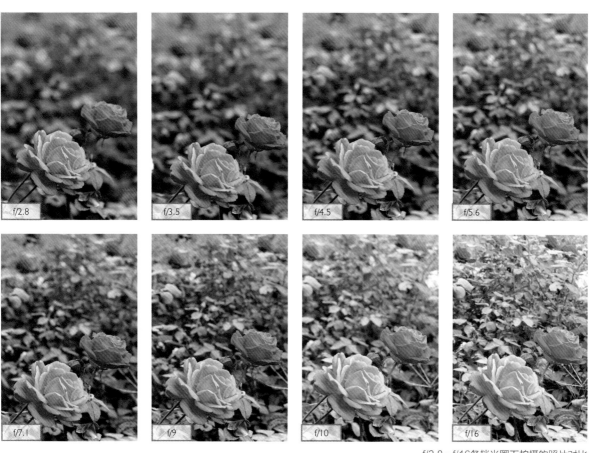

f/2.8~f/16各挡光圈下拍摄的照片对比

光圈孔径大	→	光圈孔径小
景深小（清晰范围小）	→	景深大（清晰范围大）
焦点外背景虚化	→	焦点外背景清晰

小提示

有关光圈

1. 光圈f/值的数字越小，同一单位时间内的进光量越多，光圈越大。

2. 上一级光圈的进光量是下一级的2倍——光圈从f/2.8调整到f/2就是光圈开大一级，f/2的进光量为f/2.8的2倍。

3. 最大光圈和最小光圈的画质都不是最理想的，镜头的最佳光圈大多在f/8~f/11。

数码单反相机镜头的光圈由叶片组成（如上图所示），叶片数越多，由其构成的光圈越接近圆形。光圈的形状，会对焦外成像效果有明显的影响。

3.3.3　A模式适用场景：需要控制画面景深

■ 自然风光

光圈 f/13，快门速度 1/1 000s，焦距 52mm，
感光度 ISO200，曝光补偿 −0.3EV

拍摄风光作品，摄影师多会采用广角镜头，并
使用 f/11 或 f/16 的小光圈，获得较大景深，使
得前景和背景都能够清晰展现，让风景一览无
遗

■ 人物特写

光圈 f/2，快门速度 1/320s，焦距 135mm，
感光度 ISO200

人物是作品的主要表现对象，绿植及花卉只
是点缀，使用大光圈控制景深可以虚化背景，
突出主体人物。由于光线充足，快门速度达
到 1/500s 可以捕捉到人物的瞬间神态

■ 静物花卉

光圈 f/2.8，快门速度 1/640s，焦距 130mm，感光度 ISO100

拍摄静物花卉小品时，景深控制可以帮助观者将目光聚集在摄影师想要表达的重点位置。用特写的手法表现荷花形态，光圈开到最大 f/2.8，尽可能将拍摄对象花朵以外的其他元素模糊。这种以虚衬实的手法，在拍摄人像作品时会经常用到

■ 环境人物

光圈 f/4，快门速度 1/320s，焦距 200mm，感光度 ISO320

公园中，拍摄长椅上休息的少女，搭配远景的草地、长椅和狗狗，让画面充满意境。虽然拍摄一般环境人物要尽量使用小光圈拍摄，但本画面为避免杂乱，因而采用了大光圈 + 长焦距的参数组合来完成拍摄

3.4 特殊题材的创意效果——M手动曝光模式

手动模式意味着曝光组合完全由摄影者掌控，摄影者在按下快门之前，需要在机内自动曝光指示的辅助下迅速调整光圈与快门速度以确定理想的曝光组合。对于新手，手动模式不易掌控，因为要在很短的时间内判断合理的光圈与快门速度并同时进行设置操作，有一定的难度，需要多加练习。

在手动模式下，摄影者不必考虑曝光补偿，SONY α7R Ⅲ 的测光系统会在取景器内显示当前曝光设定与相机内测光的差值，这个差值实质上起到了与曝光补偿相同的作用。

有经验的摄影师在使用手动曝光模式时，常配合点测光进行操作。在光线复杂、光比很大的环境下，点测光加手动曝光可以迅速确定正确的曝光值，准确度比自动曝光模式更高。

在拍摄特定题材时，使用更多人工设定的手动曝光模式可以更好地体现创作者的意图——如长时间曝光的流水动感、夜晚焰火划过的轨迹等。

手动曝光延续了手动相机的操作习惯，资深摄影师会根据自己的拍摄经验和对未来影像效果的想象，通过自由控制光圈、快门速度来控制照片的影调。在极端光线的场景中，手动曝光会比相机自动曝光的结果更准确。

在使用外接闪光灯和影室灯拍摄时，相机的自动曝光模式往往会自动设定为慢速快门，此时环境光参与曝光可能会造成虚影，应使用手动曝光模式确保照片清晰。

M模式下的液晶显示屏界面

3.4.1 M模式的特点

由摄影者自行设定快门速度与光圈值，相机的测光数据作为参考，快门速度和光圈均由摄影者根据场景特点和光线条件有针对性地设置。

3.4.2 M模式适用场景：摄影师需要自主控制曝光

■ 夜景建筑

光圈 f/32，快门速度 25s，焦距 95mm，感光度 ISO125，曝光补偿 −1EV

夜晚拍摄的被灯火照亮的建筑，明亮的建筑与漆黑的天空有较大光比。需要摄影者具有相当的夜景拍摄经验，并参考相机的测光结果，采用手动曝光M模式，对曝光进行严格的控制。注意夜景摄影中，虽然人工光线看起来较强，但其实照度远低于自然光，因此本画面这种情况，需要使用较长时间的曝光以获得充足的曝光量

■ 外接影室灯的拍摄

　　无论在影室内拍摄人物肖像或商品，都需要使用影室灯仔细布光。快门速度需要根据闪光灯的同步速度设定，而光圈值要根据景深的需要进行人工设定，因此必须使用手动曝光 M 模式来进行拍摄。使用 D850 相机时，为保证与闪光型影室灯的同步速度，最好将快门速度固定在 1/100s 进行全程拍摄。

光圈 f/20，快门速度 1/125s，焦距 100mm，感光度 ISO100

商业类摄影图片，需要商品整体都表现清晰，因此设定光圈时，通常使用 f/16 甚至更小的光圈以保证全画面的清晰度。而为了保证画面的亮度，可以通过调整影室灯的光量输出来满足要求

■ 长时间曝光的创意风光摄影

光圈 f/22，快门速度 6s，焦距 24mm，感光度 ISO50

拍摄流动的小溪，可以使用慢门的拍摄技法，根据流水的速度和创意的要求，设定快门速度，通常快门要用 1s 以上的曝光时间，才能展现出效果。因此，需要手工设定尽量小的光圈，如 f/22，这样不但增加了曝光时间，还可以让水中的石头有更清晰的层次体现

3.5 长时间曝光——B门

B门专门用于长时间曝光——按下快门按钮，快门开启；松开快门按钮，快门关闭。这意味着曝光时间长短完全由摄影者来控制。在使用B门模式拍摄时，最好以快门线控制快门释放，这样不但可以避免与相机直接接触造成照片模糊，而且可以增加拍摄的方便性，曝光时间可以长达几个小时（长时间曝光前，要确认相机的电池电量充足）。

在M模式下，向左转动转盘，至液晶屏上出现"BULB"字样，即设定了B门模式。

3.5.1 B门的特点

由摄影者自行设定光圈值，并操控快门的开启与关闭。光圈由摄影者主动设定，快门速度由摄影师根据场景和题材控制。

3.5.2 B门适用场景：超过30s的长时间曝光

B门专门用于长时间曝光创作。相机设定B门后，摄影者按下快门按钮，快门开启；松开快门按钮，快门关闭。而曝光时间的长短，完全由摄影师来控制。在使用B门模式拍摄时，最方便的是利用快门线来控制快门释放和关闭，这样不但可以避免与相机直接接触造成的照片模糊，还可以通过锁定快门按钮，来增加控制的方便性。

手动M模式同样可以达到长时间曝光的效果，最长曝光时间是30s，而对于B门来说，曝光时间可以长达数个小时。所以同样是拍摄夜空，M模式只能拍摄到繁星点点，而B门模式可以拍摄出斗转星移的线条感。

■ 静态星空摄影

小提示

要注意，在拍摄静态星空时，快门速度不要超过50s，否则夜空的星星就会出现拖尾。

光圈 f/2.8，快门速度 39s，焦距 25mm，感光度 ISO3 200

拍摄满天繁星的夜空，可以得到令人震撼的效果。这种看似难度极高的拍摄，其实功能设置并不复杂。主要是使用M手动模式，通常使用的拍摄设置为光圈 f/2 ~ f/4，曝光时间为 25 ~ 50s，感光度 ISO 设置为 2 000 ~ 6 400。而在拍摄时，还需要手动对焦在无穷远处

光圈 f/3.2，快门速度 1 254s，焦距 25mm，感光度 ISO100

拍摄星轨照片，要想展现出星星运动的轨迹，最少要使用 5 分钟以上的曝光时间，才能出现这样的效果，而如果要想达到斗转星移的同心圆效果，则需要更为复杂的技巧。首先取景时要将中心对准北极星（向正北方对焦），而曝光时间至少要在 20 分钟以上，才能达到更为明显的效果。当然，相机的电量一定要充足，以保证全程的拍摄。严格来说，要拍摄完美的同心圆星轨，往往需要 3 个小时以上的时间，但数码类相机一般无法支撑如此长的拍摄时间，电量不足是一个问题，噪点严重破坏画质是另外一个问题

■ 拍摄烟火

　　拍摄闪电和烟火，通常很难预判出它们出现的时机，采用 B 门"守株待兔"是个很好的方法。首先将镜头对准烟火出现的夜空，或经常出现闪电的位置，再设定较小的光圈如 f/11 增加景深，然后就是打开快门并锁定快门开启，等待烟火或闪电地出现了。要想捕捉到突如其来的闪电场景，需要用相机的 B 门曝光，并等待黑暗夜空中闪亮的瞬间。拍摄一张成功的闪电照片并不容易，需要摄影师多拍多尝试。

光圈 f/22，快门速度 2.5s，焦距 24mm，感光度 ISO100，曝光补偿 –0.3EV

拍摄闪电和烟火，必须要长时间曝光，有些爱好者使用手动曝光 M 模式，但其快门最长为 30s，这个时长是不够的。最好使用 B 门并配合电子快门线来锁定快门装置开启状态。有经验的摄影师拍摄烟火时，还会配合使用三脚架和黑卡纸遮挡镜头的方法，选择位置、色彩、形态完美的焰火进行拍摄，得到绝佳的作品

第**4**章

对焦技术是非常容易被忽视的，初学者往往会认为拍摄时只要设定为
自动对焦，半按快门对焦后完全按下拍摄即可。
殊不知，拍摄时对焦点位置的选择、特殊场景的对焦技巧选择、特殊
对焦手法的运用、不同状态运动对象的拍摄，都是非常重要的摄影技术，
只有合理运用，才能拍摄出清晰的瞬间画面，或是多变的动感特效。

对焦学问大

光圈 f8，快门速度 1/20，焦距 24mm，感光度 ISO100

4.1 对焦原理一说就懂

4.1.1 简单了解对焦原理

相机的对焦，是透镜成像原理的实际应用，而透镜成像的虚实取决于透镜焦距的长短。两倍焦距之外的物体，成像会位于1倍焦距到2倍焦距之间。将镜头内所有的镜片视为一个凸透镜，那么拍摄的场景成像就在1～2倍焦距之间。

相机的感光元件一般固定在1～2倍焦距的某个位置上。拍摄时调整对焦，让成像落在感光元件上，就会形成清晰的影像，表示对焦成功；如果没有将成像位置调整到感光元件上，那成像就不清晰，即没有成功对焦。

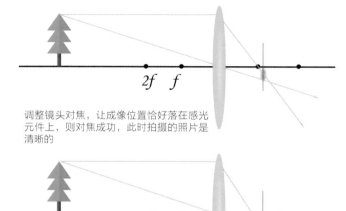

调整镜头对焦，让成像位置恰好落在感光元件上，则对焦成功，此时拍摄的照片是清晰的

如果没有对焦成功，则表示成像位置偏离了感光元件，此时照片是模糊的

没有对焦成功，照片模糊

对焦成功，照片清晰

4.1.2 控制对焦的两个环：变焦环与对焦环

　　相机在对焦时，镜头内镜片的控制是通过两个环来进行的。一个是变焦环，一个是对焦环。变焦环改变的是取景的视角，比如说我们要将极远处的景物拉近，能让景物更清晰并显示更多细节，但这样做的话取景的视角就会小了很多。例如，直接取景时，可以将远处的小鸟及其周边的环境都拍摄下来，但这样小鸟不够清晰；转动变焦环，可以将小鸟拉近，显得更清晰，但这样做的后果是取景视角变小，成像画面中只有小鸟，且看不到周边环境了，即视角变小。

　　对焦环才是决定对焦是否成功的因素。通过转动对焦环，可以调节景物的成像，使其落在感光元件上，形成清晰的影像。

大部分镜头，前端的环是对焦环，靠近机身一端的环是变焦环。当然，要注意定焦镜头的焦距是固定，是没有变焦环的

没有对焦成功的画面，是模糊不清的

转动对焦环对焦成功，成像清晰

转动变焦环，将场景拉远，取景视角更大

4.2 对焦选择与操作

4.2.1 自动与手动对焦

　　在自动对焦模式下，摄影者转动变焦环确定取景范围后，半按快门，相机会自动控制对焦环调整对焦，让照片清晰。而手动对焦模式下，摄影者转动变焦环确定视角后，还要再手动转动对焦环进行对焦。

在镜头上将对焦滑块拨到AF（AF FOCUS）一侧，即设定了自动对焦

光圈 f/4.5，快门速度 3.6s，焦距 11mm，感光度 ISO100

相机无法自动对焦的场景（如光线太暗等），设定手动对焦会更方便一些。但成像是否清晰就要通过人眼观察取景器内的画面来决定了

4.2.2　对焦难在哪里

如果对焦的任务是让画面清晰，那这很简单。对焦的难点在于对焦平面的选择。拍摄人物时应该对人物的眼睛对焦，拍花卉时应该对花蕊对焦，这类场景比较简单。但大多数时候对焦的选择和控制并没有这么简单，摄影师面临的问题要复杂得多。

光圈 f/2.8，快门速度 1/640s，焦距 100mm，感光度 ISO100

拍摄人物、动物、昆虫等对象，对焦的位置应该在眼睛上，这样画面会生动、传神

光圈 f/2.8，快门速度 1/160s，焦距 200mm，感光度 ISO100

拍摄花朵时，对焦在较高的花朵上，照片会更好看

光圈 f/8，快门速度 1/200s，焦距 20mm，感光度 ISO400

拍摄大场景的风光，对焦在画面的前 1/3 处是较好的选择，这样可以确保照片整体有更高的清晰度

光圈 f/5，快门速度 20s，焦距 16mm，感光度 ISO6 400

夜晚的弱光场景中，相机可能无法完成自动对焦，这时应该选择手动对焦

光圈 f/3.2，快门速度 1/100s，焦距 123mm，感光度 ISO400

拍摄密集网格后的对象时，相机会对前面的网格自动对焦，但这不是我们想要的清晰的位置。这时应该选用手动对焦，对网格后的拍摄对象进行对焦

光圈 f/8，快门速度 1/8 000s，焦距 16mm，感光度 ISO320

逆光场景下，相机无法自动对焦，这时应该采用手动对焦

4.2.3　单点与多点对焦

在场景、全自动等模式中，相机会有多个对焦点同时工作，而具体将焦点对在画面中的哪几个位置，由相机来自动选择，这样摄影者经常可以观察到取景框中有多个焦点框同时亮起的现象，即所谓的多点对焦。当然，在专业拍摄模式下，摄影者也可以设定多点对焦，激活所有对焦点就可以了。

多点对焦优先选择距离最近和反差最大的对象进行对焦。多点对焦的优点是能够更快地获得对焦。在拍摄人物的集体合影与建筑等照片时，这种对焦方式都非常适用。

光圈 f/4，快门速度 1/320s，焦距 200mm，感光度 ISO100

多点对焦在捕捉高速运动物体时非常有效，密集的对焦点中总有一个能够捕捉到运动物体，实现合焦

光圈 f/5，快门速度 1/80s，焦距 70mm，感光度 ISO200

一般的静态风光场景也可以选择多点对焦，这样会省去手动选择对焦点的麻烦

对焦不仅是一个机械的过程，它还需要摄影者根据创作主题进行思考："画面的主体在哪里？哪里要实要清晰，而哪里要虚化？"而后手动指定单一的自动对焦点对准主体景物，引导照相机完成自动对焦的过程。这就是专业的对焦方式——由摄影者手动选择单一对焦点，在需要的位置进行精确对焦，这也是专业摄影师的通常选择。而如果使用了相机的多点对焦，则最终画面中清晰的部分可能不是摄影者想要的。

光圈 f/2.8，快门速度 1/500s，焦距 200mm，感光度 ISO100

多点对焦的缺点在于相机自行决定对焦清晰的平面。对焦时相机会优先对距离最近且有明暗反差的位置对焦，清晰合焦的位置总在最前面，这可能不是摄影者想要的清晰位置。比如上图，摄影者原想让远处的大红花清晰，但多点对焦却对在近处淡红的花上

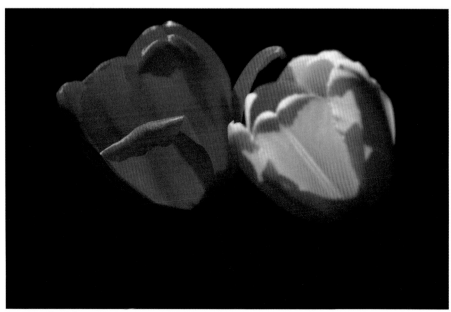

光圈 f/2.8，快门速度 1/500s，焦距 200mm，感光度 ISO100

只有设定单点对焦，将对焦位置确定在远处的大红花上，才能拍摄出想要的效果

4.3 6大对焦区域模式的使用

4.3.1 第1～2种：自由点和扩展自由点

在面对某些形体较小的景物时，适合选择单个的对焦点来拍摄。这时可以设定自由点这种对焦区域模式。这两种模式的区别主要在于定点拍摄的对焦区域更小，能够穿过密集树枝中间的孔洞和铁丝网后的拍摄对象进行对焦，而单点模式则适合对一般的拍摄对象进行对焦，如对人物面部进行对焦等。

选择对焦区域

设定自由点进行对焦

需要注意的是，对于大多数题材的照片拍摄，建议使用自由点这种对焦方式，能够快速完成对拍摄对象的对焦。

光圈 f/3.2，快门速度 1/60s，焦距 200mm，感光度 ISO3 200

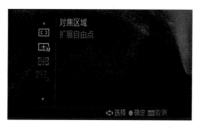

设定扩展自由点

对于一些体形较小，但运动幅度很小，动作很慢的对象，如果使用自由点无法快速捕捉到拍摄对象，就可以设定扩展自由点进行对焦，这样能够快速帮助摄影者实现清晰对焦。

光圈 f/3.5，快门速度 1/500s，焦距 165mm，感光度 ISO100

对于飘摇的狗尾草，使用简单的自由点可能无法快速对焦在想要的位置，这时设定扩展自由点得到更大的对焦区域，能够快速实现合焦

4.3.2　第3～4种：区和广域

　　拍摄一些运动的拍摄对象时，单个的对焦点可能无法及时、准确的覆盖到拍摄对象上，这样就会造成脱焦的严重后果。设定广域对焦，可将对焦区域扩大，这样一次启动多个对焦点，覆盖更大的区域，更容易捕捉到运动的拍摄对象。

设定广域对焦

光圈 f/2.8，快门速度 1/350s，焦距 200mm，
感光度 ISO100，曝光补偿 –0.3EV

针对运动中的马匹，以对焦点扩展的方式进行对焦，多个对焦点有助于捕捉到马匹清晰的头部

　　与广域对焦相比，大"区"的自动对焦适合捕捉形体小一些、运动速度更快的运动对象。广域自动对焦可以一次性激活较大区域的对焦点进行捕捉，而大"区"的自动对焦则可以激活更多的对焦点，这样能够快速捕捉到几乎任何运动的拍摄对象。

　　这种对焦比区域自动对焦的操作要简单一些，可以在考虑构图的同时快速捕捉拍摄对象。

"区"自动对焦

光圈 f/3.5，快门速度 1/500s，焦距 200mm，
感光度 ISO100

针对图示场景，设定"区"自动对焦，较大的对焦面积可以帮助摄影者实现快速对焦

4.3.3 第5种：中间

　　针对形体非常小、运动速度很快的对象，还可以一次性激活所有的 45 个对焦点，进行全方位的捕捉，这样对焦成功率最高。在拍摄无规律运动的拍摄对象，或需要快速捕捉拍摄对象时，使用这种对焦模式非常有效。

　　另外，你还可以在拍摄一些集体合影、大景深的风光题材时使用这种模式。

设定中间区域自动对焦

光圈 f/13，快门速度 1/50s，焦距 200mm，感光度 ISO100，曝光补偿 −0.3EV

在风光摄影中，使用多点对焦也比较方便。但要注意，当场景中存在明显、单个主体时，最好不使用这种多点对焦的方式

4.3.4 第6种：锁定AF

　　如果半按快门按钮，会从所选 AF 区域开始跟踪拍摄对象。对焦区域设为 AF-C 时，可以用控制拨轮的左 / 右改变锁定 AF 的开始区域，然后对拍摄对象位置进行持续的对焦。

设置锁定AF，且设定为扩展自由点的对焦区域

光圈 f/2.8，快门速度 1/200s，焦距 165mm，感光度 ISO100，曝光补偿 −0.3EV

开始对焦时对准野鸭子的头部，锁定 AF 后，相机视角跟随拍摄对象可以实现持续的对焦，确保随时按下快门都能捕捉到清晰的画面

4.4 3种对焦模式的用法：单次或连续

一般拍摄时，自动对焦有三种具体模式，分别为单次AF（自动）对焦、自动AF和连续AF对焦。

自动对焦模式下，最常用的对焦模式有三种，分别为单次AF（AF–S）、自动AF（AF–A）和连续AF（AF–C）

单次AF也称为静态对焦，适用于自然风光、花卉小品等静止的拍摄对象。在该模式下，如果半按快门按钮，相机将实现一次对焦。单次对焦的对焦精度最高，可以确保对焦位置非常清晰锐利，是日常创作的主要对焦模式。

但是这种对焦方式的合焦速度要慢一些，一旦遇到运动对象，如果合焦的过程中拍摄对象已经发生了运动，就拍摄不到拍摄对象清晰的照片了。所以，单次对焦适合拍摄静态画面：对于大部分的静态题材，使用单次对焦＋单点对焦的拍摄组合，能够得到清晰度最高的画面效果。

光圈 f/7.1，快门速度 1/200s，焦距 145mm，感光度 ISO100

拍摄静态的风光、花卉、人像等题材，高精度的单次自动对焦是正确选择连续 AF 对焦，虽然对焦精度有所欠缺，但对焦速度是很快的，可以确保瞬间完成对焦，这样即便是高速运动的拍摄对象，也能被捕捉下来。

光圈 f/4，快门速度 1/800s，焦距 400mm，
感光度 ISO200

拍摄高速运动的拍摄对象时，我们应该优先关注能否快速完成对焦，捕捉到清晰画面。单次对焦的速度偏慢，若对焦过程中拍摄对象发生移动，拍摄下来的拍摄对象就会不清晰，因此应该选用能够连续对焦的人工智能伺服自动对焦

至于自动 AF，则是一种比较特殊的模式。使用这种模式时，如果拍摄对象突然由静止切换为运动，相机会自动切换为连续 AF 进行持续对焦。如果拍摄时主体依然为静态的，那么最终完成拍摄时的对焦模式就为单次 AF，可确保更好的清晰度。自动 AF 可以说是一种预警性的智能模式。

光圈 f/4，快门速度 1/640s，焦距 500mm，感光度 ISO200

拍摄随时可能运动的拍摄对象时，人工智能自动对焦模式是最佳选择。拍摄对象维持不动，拍摄时会切换为单次自动对焦确保高清晰度；拍摄对象变为运动状态时，会切换到人工智能伺服自动对焦模式进行连续对焦，捕捉到清晰的拍摄对象

4.5 锁定对焦的用与不用

摄影中，大多数情况下拍摄对象并不在画面的中央，这时可以通过提前改变对焦点位置的方式实现拍摄时的对焦。此外，还有一种更常用的方法，那就是先向拍摄对象对焦，然后锁定对焦，再重新构图拍摄。具体的操作是先半按快门对拍摄对象对焦，保持快门的半按状态不要松开，移动相机的取景视角进行构图，构图完成后完全按下快门，完成拍摄。

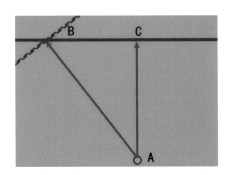

这种锁定对焦重新构图的方法，是存在一定缺陷的。从示意图可看出，A为相机，B为拍摄对象位置，对焦完成后锁定对焦，移动视角重新构图，其间距离是发生了一定变化的

光圈 f/8，快门速度 1/4 000s，焦距 70mm，感光度 ISO400

锁定对焦，对用中小光圈拍摄远距离风光题材的影响不大，因此较为常用

锁定对焦是摄影师较常用的对焦方法，但在拍摄近距离人像和花卉题材时最好不要使用，因为这种拍法有个问题，对焦后再轻移视角，焦平面也会产生轻微的变动，在一些大场面的风光题材中影响不明显，但近距离的人像、花卉等题材，影响就很明显了。

光圈 f/2.8，快门速度 1/80s，焦距 70mm，感光度 ISO500

拍摄这种大光圈下的人像、微距等题材，正确的做法是先取景，然后激活覆盖在人眼睛上的对焦点进行拍摄

4.6 最重要的对焦规则

对焦技术指的是摄影者对相机对焦功能的理解，以及摄影者在实拍中如何合理运用。比如，什么时候该用自动对焦，什么时候该用手动对焦，什么时候该用自动伺服对焦等，这些其实非常简单，只要记住不同技术的运用场景就可以了。

实际上，摄影创作时更重要的是对焦位置的选择。摄影者选择对焦在哪个位置，就会让哪个位置成为视觉中心。通常是对焦在拍摄对象或者是拍摄对象上最重要部分的位置。下面将介绍不同题材的拍摄当中对焦位置的选择技巧。

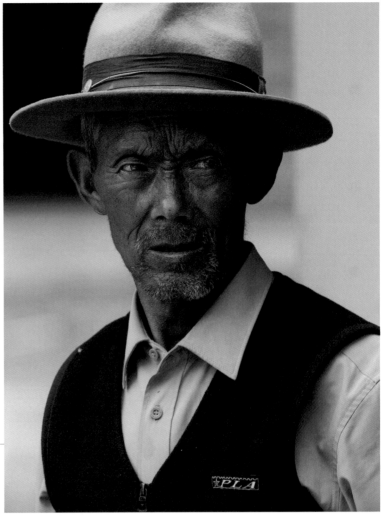

光圈 f/5.6，快门速度 1/640s，焦距 200mm，感光度 ISO100

拍摄人像时，正确的对焦位置应该是人物的眼睛。根据之前的介绍，应该先确定取景范围，再将对焦点移动到人物眼睛上，随后对焦，完成拍摄

拍摄这种大场景的风光题材，建议将重点景物放在取景画面的前 1/3 处，对焦也对在这个位置，这样可以确保画面的景深更大，即远近景都能更加清晰。

光圈 f/8，快门速度 1/60s，焦距 50mm，感光度 ISO100

调整取景角度，让拍摄对象基本上位于画面前 1/3 处，再对焦在这个位置上，这样既能满足构图的需要，又能确保画面有更好的景深清晰度，一举两得

小提示

拍摄一些单独的山峰时，应该对山峰顶部对焦，因为那既是视觉中心所在的位置，又可以强化下山峰及山脊的边缘轮廓。

光圈 f/10，快门速度 1/30s，焦距 16mm，感光度 ISO125

拍摄一些独立的拍摄对象时，可以对画面的视觉中心对焦，让这部分最清晰。本场景中，可对被光照亮的顶部对焦

光圈 f/4，快门速度 1/640s，焦距 100mm，感光度 ISO200

拍摄花卉时，对花蕊对焦

第5章

人眼在一天不同时间、不同光线条件下看到的环境明暗是不同的。例如，正午
阳光下会看到非常明亮的场景，而夜晚则是漆黑一片。这是因为人眼能够自行
进行调整，以识别不同的光线环境。拍摄时，如果相机要识别拍摄环境的明暗
程度，就需要通过测光与曝光来完成。

光影明暗
——测光与曝光

光圈 f/7.1，快门速度 30s，焦距 16mm，感光度 ISO200，曝光补偿 −0.7EV

5.1 测光：准确曝光的基础

人们看到雪地很亮，是因为雪地能够反射接近 90% 的光线；人们看到黑色的衣物较暗，是因为这些衣物吸收了大部分光线，只反射不足 10% 的光线。在白天的室外，环境会综合天空、水面、植物、建筑物、水泥墙体、柏油路面等反射的光线，整体的光线反射率在 18% 左右。由此可知，物体明暗主要是由其反射率决定的，表面的结构和材质不同，反射率也不同，反射的光线自然有强有弱，所以人们看到景物是有亮有暗的。

较暗的场景光线反射率很低，较亮的场景光线反射率很高

相机与人的眼睛一样，主要通过环境反射的光线来判定环境中各种景物的明暗。在拍摄时半按快门，相机会启动 TTL 测光功能，光线通过镜头进入机身顶部内置的测光感应器，测光感应器将光信号转换为电子信号，再传递给相机的处理器，这个过程就是相机在对环境进行测光，相机会将这段时间内进入相机的反射光线量，结合 18% 的环境反射率来计算环境的明暗度，确定曝光参考值。

光圈 f/13，快门速度 1/25s，焦距 24mm，感光度 ISO100

经过相机准确测光，可以拍摄出画面明暗与实际场景基本吻合的照片

测光不准确情况之一：曝光不足　　　　　　　　　　　　　测光不准确情况之二：曝光过度

5.2 α7RⅢ的5种测光模式及其适用场合

　　α7R Ⅲ 的测光元根据取景范围内光线测量的区域和计算权重不同，将测光方式分为多重测光、中心测光、点测光、整个屏幕平均测光和强光测光这 5 种模式。

选择测光模式菜单项

多重测光

中心测光

点测光

整个屏幕平均测光

强光测光

光圈 f/13，快门速度 1/8s，焦距 16mm，
感光度 ISO100

摄影者拍摄到曝光准确的照片，主要是因为相机对场景进行了正确的测光。并且摄影者还应该注意，如果使用不同的测光方式，最终曝光出来的画面明暗影调也是不同的

小提示

点测光的测光区域默认状态为标准，摄影者还可以根据实际使用习惯，改变测光区域的大小。

5.2.1 多重测光：适合风光、静物等大多数题材

SONY α7R Ⅲ 的测光系统将画面划分为多个区域，通过对画面的广泛区域进行测光，测光系统会在机内 CPU 运算后得出测光结果。在这种智能化测光模式中，厂家通过汇集大量优秀摄影作品的曝光数据，对拍摄时遇到的各种光线条件进行分析和总结。在自动曝光的计算过程中，相机会区分拍摄对象位置（焦点景物）、画面整体亮度、背景亮度等因素，并将所有因素考虑在内，决定最终的曝光数据。多重测光的测光区域较广，而且加入了对色调分布、色彩、构图以及距离信息的分析与判断，适应范围最广，色彩还原真实准确，因此广泛运用于风光、人像、静物小品等题材的拍摄。

光圈 f/6.3，快门速度 1/800s，焦距 200mm，感光度 ISO100，曝光补偿 +1EV

在一般的风光题材中，多重测光的使用相当频繁。本画面使用矩阵测光拍摄，使各部分的曝光都相对比较准确、均匀

光圈 f/11，快门速度 1/160s，焦距 18mm，感光度 ISO200，曝光补偿 +1EV

对于光线复杂的小场景，使用多重测光也能兼顾各部分需求，得到曝光合理的照片画面

5.2.2 中心测光：适合风光、人像、纪实等题材

使用这种模式测光时，相机会把测光重点放在画面中央，同时兼顾画面的边缘。准确地说，即负责测光的感光元器件会将相机的整体测光值有序地分开，中央部分的测光数据占据绝大部分比例，而画面中央以外的测光数据作为小部分比例起到测光的辅助作用。

一些传统的摄影师更偏好这种测光模式，通常是在街头抓拍等拍摄纪实题材时使用，有助于他们根据画面中心拍摄对象的亮度决定曝光值。它更依赖于摄影师自身的拍摄经验，尤其是对黑白影像进行曝光补偿，以得到他们心中理想的曝光效果。

光圈 f/1.4，快门速度 1/40s，焦距 35mm，感光度 ISO400，曝光补偿 +0.3EV

利用中心测光对人物部分测光，使得这部分曝光比较准确，并适当兼顾其他部分，确保画面有一定的环境感

光圈 f/8，快门速度 1/125s，焦距 40mm，感光度 ISO100，曝光补偿 +0.3EV

利用中心测光对画面的花朵及蝴蝶部分测光，优先确保这部分曝光的准确性

5.2.3 点测光：适合人像、风光、微距等题材

点测光，顾名思义，就是只对一个点进行测光，该点通常是整个画面最重要的区域。许多摄影师都会使用点测光模式对人物的重点部位如眼睛、面部或具有特点的衣服、肢体进行测光，以达到形成观者视觉中心并突出主题的效果。使用点测光虽然比较麻烦，但是能拍摄出许多别有意境的画面，大部分专业摄影师经常使用点测光模式。

采用点测光模式进行测光时，如果测画面中的亮点，则大部分区域会曝光不足；而如果测暗点，则会出现较多位置曝光过度的情况。一条比较简单的规律就是对画面中要表达的重点或是拍摄对象进行测光，例如在光线均匀的室内拍摄人物。

人像、风光、花卉、微距等多种题材，采用点测光方式都可以对拍摄对象进行重点展示，使其在画面中更具表现力。

光圈 f/11，快门速度 1/80s，焦距 70mm，感光度 ISO100

采用点测光模式测主体人物的面部肤质，使得人物的肤色曝光准确，这也是人像摄影优先考虑的问题

光圈 f/4.8，快门速度 1/125s，焦距 105mm，感光度 ISO200

利用点测光测试画面中的荷叶部分，由于这部分相对偏暗，相机会认为场景较暗，增加曝光量，这样周边的水面就会出现曝光偏高的情况

5.2.4　整个屏幕平均：适合大场景风光题材

光圈 f/8，快门速度 1/200s，焦距 142mm，感光度 ISO100

对画面各个部分进行平均测光和曝光，这样拍摄的散射光场景会显得比较扁平，且亮度均匀。此时照片的层次就只能通过场景中自身景物的色彩来呈现

这种测光方式类似于多重测光，拍摄时会对画面整体进行平均测光，而不会过多考虑对焦点与非对焦位置的状态。利用这种测光方式拍摄，最终得到的曝光结果不容易因构图和拍摄对象位置不同而发生变化。

整个屏幕平均测光虽然类似于多重曝光，但从摄影的角度来看，效果是不如多重测光的。这种测光方式更适合初级摄影爱好者，适用于风光、旅游纪念照等多种题材的拍摄。

5.2.5　强光：适合逆光拍摄

光圈 f/8，快门速度 1/8 000s，焦距 16mm，感光度 ISO200

强光测光的设定下，相机会优先确保照片中高光部分不会出现大面积的过曝。木例中可以看到太阳部分的曝光相对是比较准确的

使用这种测光方式拍摄，相机会检测所拍摄场景中的高光部分，并以此为基准进行曝光，这样可以避免画面中出现严重的高光溢出问题。

在光线强烈的场景当中拍摄时，更容易得到曝光合理的照片。这种测光方式适合拍摄旅行纪念类题材，另外拍摄一些光线强烈及其他大光比场景时也非常有效。

5.3 曝光补偿的使用技巧：白加黑减定律

曝光补偿就是在相机自动曝光的基础上，有意识地改变快门速度与光圈的曝光组合，以达到让照片更明亮或者更暗效果的操作功能，摄影者可以根据拍摄需要增加或减少曝光补偿，最终得到曝光准确的画面。α7R Ⅲ相机设定了±5级的曝光补偿，摄影者在使用A（光圈优先自动曝光）、S（快门优先自动曝光）或P（程序自动曝光）模式时，可根据需要进行调节。

相机内的曝光补偿设定菜单

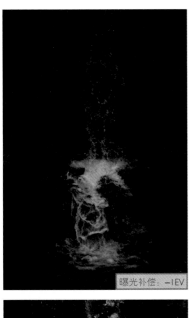

曝光补偿：-1EV

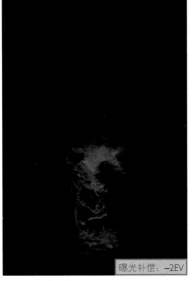

曝光补偿：-2EV

曝光补偿：-5EV

曝光补偿：+1EV

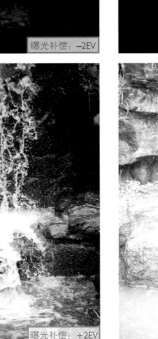

曝光补偿：+2EV

曝光补偿：+5EV

光圈 f/4，快门速度 1/1 000s，焦距 200mm，感光度 ISO100，曝光补偿 +1EV

在雪地拍摄时相机会自动降低曝光值，所以摄影者必须手动增加曝光补偿值还原雪景色彩

所谓"白加黑减"主要是针对曝光补偿的应用规律。有时发现拍摄出来的照片也会比实际偏亮或偏暗，不是非常准确。这是因为在曝光时，相机的测光是把环境反射率为18%作为基准的，那么拍摄出来的照片，整体明暗度也会靠近普通的正常环境，即雪白的环境会偏暗一些，就是呈现出灰色，而纯黑的环境会偏亮一些，也会呈现出发灰的色调。要应对这两种情况，拍摄雪白的环境时为不使画面发灰，就要增加一定的曝光补偿值，称为"白加"；拍摄纯黑的环境时为不使画面发灰，就要减少一定量的曝光补偿值，称为"黑减"。

白加通常适应的场景：雪
白色占比较多的景物：强烈光线下
黑减通常适应的场景：黑色占比较多的景物，如夜晚等弱光环境。

光圈 f/7.1，快门速度 1/15s，焦距 150mm，感光度 ISO100，曝光补偿 −0.3EV

太阳几乎已经落下，虽然尚有一丝余晖，但整个天地间其实已经暗了下来，也就是整个环境是偏暗的，这时应该采用"黑减"的思路降低一定补偿，才能准确还原真实画面。此外，这样做还有一个好处，就是会让画面的幽暗与落日余晖形成一定的对比，画面视觉效果会很好

5.4 自动包围曝光

包围曝光也称括弧曝光，是以当前的曝光组合为基准，连续拍摄 2 张或更多减 / 加曝光的照片。

在光线复杂的场景下，有时难以对曝光以及补偿值做出准确的判断，同时也没有充裕的时间在每次拍摄后查看结果并调整设定。这时使用自动包围曝光功能，可以按照设定的曝光补偿量，通过改变光圈与快门速度的曝光组合，在短时间内记录下多张曝光量不同的影像以备挑选，避免在复杂光线条件下出现曝光失误的情况。

α7R Ⅲ的自动包围曝光是摄影者常用到的功能。通过拍摄菜单，摄影者可以对自动包围曝光的内容进行设定

通过使用自动包围曝光功能，观察增加与减少曝光量的拍摄结果，可以积累有关曝光补偿的经验。在以后遇到类似的题材或光线条件时，可以快速做出正确的曝光补偿设定。

进行包围曝光的目的之一，就是摄影师可以在多张曝光量不同的照片中，根据创作意图和审美取向，选择最符合自己标准的一张。

曝光补偿为0EV，这张照片的曝光兼顾了夕阳穿过树梢的亮部与近处的草原

曝光补偿为-1EV，逆光的叶子影调均匀，脉络清晰

曝光补偿为+1EV，木屋背光的暗面变亮，横木之间的缝隙及部分细节都清晰起来

5.4.1 改变包围曝光的照片顺序

α7R Ⅲ 机内设定默认自动包围曝光照片顺序为"正常＞不足＞过度"。从观看方便的角度考虑，则更改为"不足＞正常＞过度"，这样将按"减少曝光、正常曝光、增加曝光"的顺序拍摄三张图片，方便摄影者观察对比曝光变化的细微区别，以选定最佳曝光的图片。

通过自定义菜单可以更改自动包围曝光的照片顺序

5.4.2 取消包围曝光

包围曝光是在特殊光线条件下进行风光摄影创作时，用以突出光影变化的有力武器，但由于每次进行包围曝光都会拍摄多张照片，所以在拍摄日常题材时并不适用。因此，建议摄影者在拍摄完包围曝光作品后取消包围曝光，只要

将阶段曝光的模式改回单张拍摄即可，下次拍摄时将只拍摄 1 张正常曝光的照片。

5.5 锁定曝光设定，保证拍摄对象的亮度表现

在对拍摄主题进行测光后，会移动视角，以便优化构图形式。但这样曝光数据会发生变化，拍摄对象曝光就不再准确了，在这种情况下，可以使用锁定曝光的功能。

首先要明白一点，锁定曝光所针对的主要是点测光及中央重点测光。具体操作为对要曝光的部分进行点测光，半按下快门后确定对焦，同时相机会进行测光，然后按下相机上的 AE-L/AF-L 按钮锁定曝光，它的功能是锁定拍摄对象的测光数据，将测光值暂时记忆下来，

避免重新构图时受到新的光线的干扰，造成曝光值变化。无论画面的其他部分如何，只要锁定了之前测光得到的曝光数据，拍摄对象的曝光是不会发生变化的。然后按下快门，完成拍摄就可以了。

先对拍摄对象进行重点测光，确定曝光数据，然后锁定曝光

光圈 f/2.8，快门速度 1/350s，焦距 200mm，感光度 ISO100，曝光补偿 −0.3EV

使用中央重点测光模式对画面中的马匹进行测光，让其曝光准确，同时兼顾周边环境的曝光，使画面的环境感更强

5.6　高动态范围的完美曝光效果

5.6.1　认识动态范围与宽容度

　　在数码摄影领域，我们将图像所包含的由"最暗"至"最亮"的范围称为动态范围。动态范围越大，所能表现的层次越丰富。

　　数码相机的宽容度（感光元件按比例正确记录景物亮度范围的能力）是有限的，数码单反相机在存储 JPEG 格式时，图像记录的动态范围最大可以涵盖将近 10 级的亮度范围，而人眼所能觉察的亮度范围为 14 ～ 15 级。如果一个场景的光比过大，超出相机的动态范围，拍摄出来的照片就会丢失暗部或是亮部的信息，形成"死黑"或"惨白"。除非是出于创作的需要，摄影师在拍摄中应尽量避免照片上出现纯黑与纯白色的"零"信息区域，这就需要在拍摄中控制光比，将亮部与暗部的反差保持在合理范围内。

光圈 f/9，快门速度 1/125s，焦距 24mm，感光度 ISO100，曝光补偿 –0.3EV

光比很大的场景要格外留意曝光控制，尽可能保留较丰富的层次。天空一片惨白或长城墙体背光面一片漆黑，都是失败的照片

光圈 f/3.5，快门速度 1/60s，焦距 200mm，感光度 ISO400，曝光补偿 −0.3EV

散射光线下场景反差较小，摄影师可以通过构图和对画面元素的布局引导视觉中心的形成。如本画面将近处的一簇白桦树作为视觉中心，让画面变得有序

  雨、雾和多云的天气，阳光被遮挡在云层之后，光线强度较弱，以柔和的散射光为主，这样的场景通常反差较小，曝光难度较低。

小提示

数码摄影"宁欠勿过"

数码相机的曝光原则是"宁欠勿过"，这是由感光元件的工作原理决定的。过曝损失的细节，后期无论如何调节也难以找回；而看似漆黑一团的欠曝部分，通过软件可以发掘出大量的细节（特别是RAW格式文件）。因此在使用数码相机拍摄风光时，如果不能兼顾亮部和暗部，一定要遵循"宁欠勿过"的原则来曝光。

5.6.2　DRO 动态范围优化

索尼数码微单相机特有的动态 DRO 功能是专为拍摄光比比较大、反差强烈的场景所设计的，目的是让画面中高光与阴影部分都能保有细节和层次。在与多重测光结合使用时，效果尤为显著。

SONY α7R Ⅲ的DRO动态范围优化功能除自动选择外，还可以设定为自动或Lv1（低）~Lv5（强）5个等级

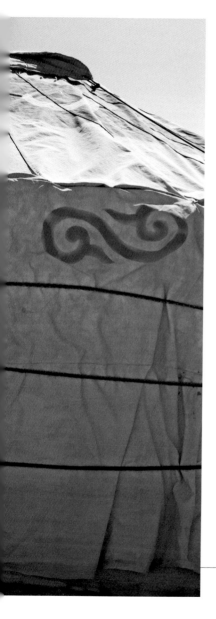

光圈 f/8，快门速度 1/500s，焦距 200mm，感光度 ISO100，曝光补偿 -0.3EV

画面中天空亮度较高，如果要让天空的云层曝光准确，保留更多细节，地面势必会曝光不足，变得非常暗，这时开启动态 D-Lighting 功能，可以让天空与地面的细节都保留的比较完整

光圈 f/9，快门速度 1/100s，焦距 38mm，感光度 ISO100

在草原强烈的光线下，蒙古包后背光的人物面部很容易曝光不足，而开启动态 D-Lighting 功能后则能够较圆满地解决这一问题

单纯从技术的角度来讲，关于拍摄只需要做好两件事：其一，得到合适的曝光效果；其二，要控制不同的照片效果，包括画面虚实、动静变化以及画质的细腻程度，而这便是本章要解决的问题。

第6章

光圈 f/7.1，快门速度 1/40s，焦距 24mm，感光度 ISO200，曝光补偿 −0.7EV

照片虚实、动静与画质

　　照片背景的虚化，通常用景深描述，不严谨地说，景深就是虚实，是指对焦点前后能够看到清晰对象的范围。景深以深浅来衡量，景深较深，即虚化程度低，远处与近处的景物都非常清晰；景深较浅，是指清晰景物的范围较小，只有对焦点周围的景物是清晰的，远处与近处的景物都是虚化的、模糊的。

　　景深是怎样产生的呢？景物通过镜头在相机内（具体说是感光元件上）汇聚成像，汇聚点位置的成像最为清晰，向前和向后的区域内，光线都是向四周扩散的，扩散到一定程度后，便无法看清景物的轮廓。在清晰与模糊的临界点上，作一个横截面，会形成一个圆形，称为弥散圆，成像点两侧的弥散圆中间距离即为景深大小，弥散圆外侧的区域，即为完全虚化模糊的区域。

　　营造照片画面各种不同的效果都离不开景深范围的变化，风光画面一般都具有很深的景深，远处与近处的对象都非常清晰，人物、微距等题材的画面一般景深较浅，能够突出对焦点周围的对象。

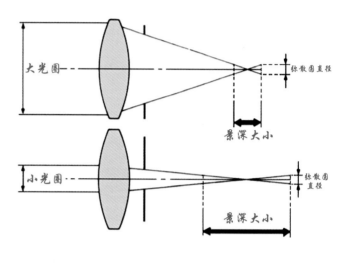

在中间的对焦位置，画质最为清晰，对焦位置前后会逐渐变得模糊，在人眼所能接受的模糊范围内，就是景深

光圈 f/2.8，
快门速度 1/1 000s，
焦距 200mm，
感光度 ISO100

照片当中，前景的花朵是清晰的，处于景深范围内，背景当中虚化的花朵处于景深范围外

6.1.1 景深四要素之大光圈小光圈

之前介绍过，光圈值是影响曝光的三要素之一，开大光圈可以增加曝光量，反之则减少。此外，光圈还有一个极为重要的作用，那便是影响照片的虚化效果。

大光圈拍摄时，对焦点之外的区域，会有更强的虚化；小光圈拍摄时，对焦点之外的区域，虚化效果要弱一些。

光圈 f/3.5，快门速度 1/250s，焦距 200mm，感光度 ISO100

拍摄花卉、人像等题材时，开大光圈，可以确保有浅景深，即对焦位置清晰，而背景虚化模糊，这样可实现突出拍摄对象——花朵的目的

光圈 f/7.1，
快门速度 1/100s，
焦距 35mm，
感光度 ISO200，
曝光补偿 –0.7EV

拍摄风光题材，
设定中小光圈，
可以确保得到大
景深画面，即远
近景物都非常清
晰，尽收眼底

光圈 f/4，快门速度 1/40s，焦距 16mm，
感光度 ISO160，曝光补偿 −0.7EV

看这张照片，即便使用了 f/4 的较大光圈拍摄，
但景深仍然较大，是因为焦距很短，为 16mm

6.1.2 景深四要素之焦距

　　光圈对于景深的影响非常明显，但
实际情况是除光圈之外，焦距大小、拍
摄物距都会对最终拍摄画面中的景深效
果造成影响。而光圈、焦距和物距则被
称为景深三要素。先来看焦距对景深的
影响：一般来说，焦距越长，景深越小，
反之则大。

光圈 f/7.1，快门速度 1/320s，焦距 300mm，
感光度 ISO800

这张照片，拍摄光圈是比较小的 f/7.1，但画面
景深仍然很小，背景严重虚化，这是因为拍摄
时使用了 300mm 的超长焦距

6.1.3 景深四要素之物距

所谓的拍摄物距是指摄影者离拍摄对象的距离，更为精确地说是相机镜头离对焦点位置的距离。

光圈、焦距和物距对于景深的影响可以用以下三句话来概括：光圈越大景深越浅，光圈越小景深越深；焦距越大景深越浅，焦距越小景深越深；物距越大景深越深，物距越小景深越浅。

光圈 f/11，快门速度 1/800s，焦距 105mm，
感光度 ISO400

拍摄这张照片，使用了 f/11 的小光圈，但可以看到景深依然非常浅，这是因为拍摄这类微距题材，摄影师总是尽量靠近拍摄对象，即物距很小。这样便能保证得到很小的景深，让背景得以虚化

光圈 f/5，快门速度 1/125s，焦距 200mm，
感光度 ISO100，曝光补偿 –0.7EV

这张照片，虽然光圈并不算小，但景深却很大，这是因为物距很大。本照片中明显可感觉到，摄影者距离所拍摄画面是非常远的

6.1.4　景深四要素之间距

而事实上，大家可能还发现了一个问题，那就是景物距离背景的远近，也会影响景深虚实效果（当然，这只是画面显示的虚实效果），一般来说这个距离越大，景深越浅，反之越深。

所以，总结起来，可以认为影响景深有 4 个要素，分别为光圈、焦距、物距和间距。要注意的是，间距其实并没有改变景深的能力，只是从画面的视觉效果上来看，给人不同景深大小的感觉。

光圈 f/2.8，
快门速度 1/640s，
焦距 185mm，
感光度 ISO100

因为拍摄对象距离背景墙体太近，所以无论采用哪种设定，照片看起来总会是有大景深的视觉效果

光圈 f/16，
快门速度 1/40s，
焦距 70mm，
感光度 ISO100，
曝光补偿 +0.3EV

因为前景与背景的距离太远，所以无论采用哪种设定，照片看起来总会是浅景深，背景总是虚化模糊的

6.1.5　景深控制技巧

了解了控制景深的多种要素之后，便是实际应用了。其实大部分场景的景深选择是非常简单的，也是一些常识，但为了避免错误操作，下面还是对一些常见场景的景深控制做一下介绍。

一般来说，拍摄花卉类题材时，大多应该是使用相对较长的焦距并较近的物距并开大光圈，再选择一个能够远离背景的角度来控制间距，最终得到浅景深的效果，来强化和突出花卉拍摄对象自身的美感。

光圈 f/3.2，快门速度 1/400s，焦距 200mm，感光度 ISO400

浅景深的花卉照片，能够凸显花卉的形态及花蕊的美感

拍摄人像写真，浅景深是最为常见的选择，至于技术手段，则与花卉摄影没有太大不同。如果说区别，则在于物距的控制：一般来说，要小，但不要太小，不要过于靠近人物，否则可能会让人物面部产生一些几何的畸变。但长焦距、大光圈、大间距的组合，已经能够确保拍摄出浅景深的人像效果，以此突出主体人物自身的美感。

光圈 f/2，快门速度 1/500s，焦距 85mm，
感光度 ISO100，曝光补偿 +0.3EV

浅景深人像可以突出人物自身的肢体动作及面部五官

光圈 f/4，快门速度 1/250s，焦距 172mm，感光度 ISO100

拍摄人像写真时，可能还要借助于前景的一些虚化，
来丰富画面的内容和影调层次，让画面更具美感

　　浅景深人像的目的是突出人物形象，要注意的是在拍摄一些棚拍人像时，干净的背景已经能够让主体人物变得突出，并且这种人像照片往往有后续抠图等需求，所以说大多时候没有必要拍摄浅景深效果。

光圈 f/9，快门速度 1/125s，焦距 50mm，感光度 ISO125

室内棚拍人像，是一个特例，大多需要拍摄大景深效果，让人物整体都清晰显示出来

相比于人像摄影而言，风光题材的拍摄要复杂一些，大多数风光照片要有大景深，让远近景物都清晰显示。要得到这种效果，就需要综合应用控制景深的多个要素，灵活掌握。

光圈 f/9，快门速度 1/80s，焦距 25mm，感光度 ISO200，曝光补偿 −1EV

一般来说，短焦距、中小光圈，能够确保摄影者在大多数时候拍到整体都清晰的风光画面

光圈 f/2.8，快门速度 20s，焦距 16mm，感光度 ISO2 500

超广角镜头可以确保即便使用了大光圈拍摄，仍然能够得到较大的景深范围。这在拍摄一些夜景星空时，经常使用

除常规的花卉、人像和风光题材之外，还有一些小景的景深控制要适当注意。大家可以将拍摄小景、小品时的光圈称为无所谓光圈。什么意思呢？即面对一些特殊情况时，大家可以灵活控制景深。

光圈 f/4，快门速度 1/40s，焦距 16mm，感光度 ISO800

拍摄这种幽暗灯光下的场景，因为无法使用三脚架辅助，手持拍摄时就要开大光圈，这时无论景深大小，只要能够显示出对象轮廓就可以了

光圈 f/5，快门速度 1/80s，焦距 200mm，感光度 ISO100

对于这种距离较远的题材，而摄影者又要强调画面中间的一束暖光，此时较大一些的光圈可以确保周边景物不会过于清晰，这有利于强调视觉中心的暖光

光圈 f/14，快门速度 1/180s，焦距 35mm，感光度 ISO200，曝光补偿 –0.3EV

拍摄这张照片，要强调的是景物自身的线条，以及表面的纹理质感，所以中小光圈是最佳选择

总 结

（1）对于景深的控制有多个要素，但通常情况下调整最方便的是光圈，所以调整最多的也是光圈值，这样可以改变画面的景深大小，以及局部景物的清晰程度。

（2）对于景深的控制，不要太死板，要根据创作题材和创作目的，灵活控制景深四要素，拍到想要的画面效果。

6.2 动静

对于一幅照片来说，所谓的"动"主要是指动感模糊：在拍摄运动的景物时，如果最终照片里景物出现了因为运动所产生的模糊，称为动感模糊；如果在照片中摄影者凝结下了运动景物瞬间静态清晰的画面，那就可以称为"静"。

6.2.1 快门与画面动静

快门有两种含义，俗称的快门是指相机顶部的快门按钮，另外一种含义是指相机的快门时间（也称为曝光时间）的长短，在 EXIF 中有曝光时间这个参数。而在本节中，主要关注的是快门时间长短对场景中运动景物的影响。

拍摄运动的拍摄对象时，需要使用高速快门来确保拍摄的照片中运动着的拍摄对象是清晰的，如果快门速度不够快，即快门时间较长，那么运动的拍摄对象就会产生一些动感模糊，即产生了"动"的效果。

光圈 f/4.5，快门速度 1/500s，焦距 115mm，感光度 ISO1 600，曝光补偿 +0.3EV

利用相对较快的快门速度，捕捉下了静态海鸥飞翔瞬间的精彩画面。要捕捉这种运动对象清晰的瞬间，往往需要开大光圈或设定较高的感光度来提高快门速度

光圈 f/7.1，快门速度 1/30s，焦距 200mm，感光度 ISO200，曝光补偿 +0.3EV

快门速度变慢，相机视角追随运动的主体人物，这样背景就会产生一定的动感模糊，画面显得"动"感十足

6.2.2 高速快门拍摄运动的拍摄对象的瞬间静态画面

高速快门可以捕捉运动拍摄对象瞬间的静态画面，就如同对正在播放的电影进行截屏一样，运动的景物一般需要进行抓拍，需要设置较快的快门速度，最常见的如拍摄处于运动状态的运动员，或拍摄飞行中的鸟类等拍摄对象时。

光圈 f/1.8，快门速度 1/1 250s，焦距 200mm，感光度 ISO500

利用高速快门抓拍高速飞行中的海鸟的精彩清晰画面

6.2.3 慢速快门拍摄运动的拍摄对象的动态模糊效果

在拍摄运动的拍摄对象时，如果快门速度变得很慢，就无法在相机内形成非常清晰的像。并且拍摄对象呈现出一种动感模糊的状态，有时会拉出长长的运动线条。例如使用慢于 1s 的快门速度拍摄夜晚街道的车流，就会发现快门时间越长，车流的效果越明显，这就是一种动感模糊的效果。

光圈 f/18，快门速度 20s，焦距 22mm，感光度 ISO160

画面右下方马路上行驶中的车辆拉出了长长的灯光线条，这便是一种"动"的效果，是慢速快门的一种典型应用方式

6.2.4 不同运动题材的快门速度设定技巧

■ 拍摄运动题材

拍摄一些足球、网球、马术、体操等体育运动，如果要凝结运动员瞬间静止的画面，建议快门速度不慢于1/640s，否则可能会出现一些肢体部位清晰度不够的状况。

光圈 f/4.5，快门速度 1/1 250s，焦距 400mm，感光度 ISO800，曝光补偿 –0.3EV

使用高速快门拍摄运动拍摄对象瞬间凝结的清晰画面

■ 拍摄舞台题材

拍摄舞台表演时，除可设定较高的快门速度捕捉瞬间静态的画面之外，还可以设定 2 ~ 1/40s 的快门速度，因为使用这个范围内的快门速度时，很容易拍摄出拍摄对象动静相宜的画面。

■ 拍摄夜晚街道车流

光圈 f/16，快门速度 15s，焦距 20mm，感光度 ISO100

建议快门速度不快于 5s，慢于 5s 的快门速度，能够拍摄出更优美的车流灯线条

■ 拍瀑布或喷泉

建议快门速度不快于 1/30s，这样可以拍出丝般的效果，如果使用太快的快门速度，拍出来就都是不连续的水滴了。

光圈 f/22，快门速度 4s，焦距 24mm，感光度 ISO50

使用慢速快门拍摄水流如丝般的梦幻效果

6.2.5 快门速度与防抖技术

之前笔者介绍了快门速度与画面动静的相互关系，其前提是确保相机没有发生抖动。如果相机发生了抖动，那就无法展现运动物体的动感了，因为照片整体都会模糊。手持相机时，如果想要拍摄到清晰而不模糊的照片，快门速度不能太慢。根据经验，如果手持相机拍摄时快门速度慢于"安全快门"，那么照片往往会模糊；如果快门速度快于"安全快门"，那么照片一般不会模糊。

"安全快门"其实很容易记。安全快门速度 ≤ 镜头焦距的倒数。

例如，50mm 的标准镜头安全快门速度是 1/50s 或更快，200mm 的长焦镜头的安全快门速度是 1/200s 或更快，24mm 的广角镜头的安全快门速度是 1/24s 或更快。

这是一个方便记忆和计算的公式，摄影师在拍摄中可以将其作为快门速度设定的指导。不过这个公式没有将拍摄对象的运动考虑进去。实际上，拍摄对象高速运动时，即使自动对焦系统追踪到拍摄对象，但如果快门速度不够，最终拍摄到的照片仍有可能是模糊的，根据焦距计算出的安全快门速度只是摄影师的参考之一。

> **小提示**
>
> 要注意，对于一些长焦镜头而言，由于镜头自身是非常重的，其安全快门要比焦距的倒数还要快一些才行。例如，200mm定焦镜头自身是非常重的，1/200s的安全快门可能不能保证拍摄到清晰的画面，所以这款镜头的安全快门应该是比1/200s更快的快门速度。

光圈 f/5，快门速度 1/400s，焦距 500mm，感光度 ISO250

在非洲的国家动物园中，使用 70-200mm 变焦镜头的 200mm 长焦端拍摄的野生动物。如果不开启镜头的防抖功能，快门速度只要快于 1/200s，那么基本可以保证照片的清晰

6.2.6　镜头防抖技术对快门速度的影响

随着光学与微电子技术的发展和制造技术的进步，近年来，通过光学系统结构设计来改善相机震动和抖动引起的影像模糊的防抖技术，已经成为各大照相机和镜头生产厂商非常重视的性能。

利用镜头防抖技术，往往可以将常规的安全快门速度下限降低 2~3 挡（在厂家提供的镜头的技术规格中有参考数据），而在摄影者拍摄运动物体时，系统甚至会自动检测相机的移动，提高照片清晰度的效果显著（根据场景的不同，实际效果会存在一定差异）。

光圈 f/2.8，快门速度 1/80s，焦距 116mm，感光度 ISO100，曝光补偿 +1.3EV

阴雨天气时，现场的光线比较幽暗，开启镜头防抖功能辅助拍摄，可在一定程度上避免手持拍摄产生的抖动

6.2.7　镜头防抖技术不能代替较高的快门速度

对于因拍摄对象快速运动（在快门开启时间内拍摄对象产生了位移）造成的画面模糊，即使使用防抖镜头也无能为力，因此提高快门速度便成了唯一的选择。经验丰富的摄影师会根据拍摄对象的运动速度和运动方向，设置适当的快门速度。

此外，为了保证曝光量不变，摄影者需要根据快门速度提高的级数，相应地放大光圈或是提高ISO感光度数值。

光圈 f/2.8，快门速度 1/500s，焦距 300mm，感光度 ISO1600

场景中的光线实在昏暗，而拍摄对象又随时在运动，镜头的防抖功能也无法确保拍摄到清晰的画面。此时开大光圈或提高感光度，可以提供较快的快门速度，从而获得清晰的画面效果

6.3　画质

6.3.1　感光度ISO的来历与等效感光度

　　感光度 ISO 原是作为衡量胶片感光速度的标准，它是由国际标准化组织（International Organization for Standardization）制定的，简称为 ISO。在传统相机使用胶片时，感光速度是附着在胶片片基上的卤化银元素与光线发生反应的速度。根据拍摄现场光线强弱和不同的拍摄题材，选择不同感光度的胶片。常见的有 ISO 50、ISO 100 的低速胶片，适合于拍摄风光、产品、人像；ISO 200、ISO 400 的中速胶片，适合于拍摄纪实、纪念照；还有 ISO 800、ISO 1 000 的高速胶片，适合于体育运动的拍摄。

默认状态下，自动感光度的范围是100～6 400，当然，也可以设定更大范围的自动感光度

 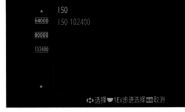

α7R Ⅲ的感光度最小到最大为ISO 50～102 400这个范围

　　数码单反相机感光元件对光线的敏感程度可以等效转换为胶卷的感光度值，即等效感光度。

　　数码单反相机中，低感光度下，感光元件 CMOS 对光线的敏感程度较低，不容易获得充分的曝光值；提高感光度数值，则感光元件对光线的敏感程度变高，更容易获得足够的曝光值。这与光圈大小对曝光值的影响是一个道理。

　　当前主流的数码单反相机，常规感光度一般为 ISO 100 ～ ISO12 800，而 α7R Ⅲ 的常规感光度范围是 ISO 100 ～ 32 000，并可以最高扩展到 ISO50 ～ 102 400。

6.3.2　不同题材的感光度设定

■ 风光、静物的感光度 ISO 设置

　　在影棚内拍摄静物小品时，通常使用 ISO 64 或 100，力图以较低的感光度，尽量细腻地刻画拍摄对象的细节和层次，表现丰富的质感。

光圈 f/9，快门速度 1.6s，焦距 100mm，感光度 ISO100

■ 旅行抓拍的感光度 ISO 设置

无论是去旅行采风还是与家人朋友外出游玩，都可以将感光度设置在 ISO 100 ～ 400，这样通常可以满足室外明亮光线场景中的拍摄。白天的室外，即便是在密林、树荫、屋檐下等阴影中，ISO 400 也足够了。

光圈 f/6.3，快门速度 1/400s，焦距 190mm，感光度 ISO200

■ 抓拍运动景物的感光度 ISO 设置

拍摄移动中的动物，需要较快的快门速度，使用 ISO 400 ～ 1 600 可以满足在一般的光线下保持快于 1/800s 的快门速度，这样就可以凝固住狮子嘶吼的瞬间了。对于 2010 年左右推出的一些机型来说，超过 ISO 1 000 的感光度，照片画质就会受到严重影响，但随着技术的发展，到了当前的主流旗舰机型，高感性能进一步提升，所以即便使用 ISO1 600 的所谓高感拍摄，画质依然令人满意。

光圈 f/3.2，快门速度 1/800s，焦距 340mm，感光度 ISO800

■ 拍摄舞台的感光度 ISO 设置

与台上相比，观众席的实际照度很低，所以看似亮堂的舞台上，实际光线并不会很强。因此在拍摄现场演出时，建议将感光度设定在 ISO 500 ～ 3 200，这样既能够保证照片的画质，又能在一定程度上提高快门速度，有利于抓取瞬间。

光圈 f/2，快门速度 1/500s，焦距 85mm，感光度 ISO1 600

6.3.3 噪点与照片画质

局部放大可以发现噪点非常明显

曝光时 ISO 感光度的数值不同，最终拍摄画面的画质也不相同。ISO感光度变化即改变感光元件 CCD/CMOS 对于光线的敏感程度，具体原理是在原感光能力的基础上进行增益（比如乘以一个系数），提高或降低所成像的亮度，使原来曝光不足的画面变亮，或使原来曝光正常的画面变暗。这就会造成另外一个问题，在加亮时会放大感光元件中的杂质，即噪点。这些噪点会影响画面的效果，并且 ISO 感光度数值越高（放大程度越高），噪点也越明显，画质就越粗糙；如果 ISO 感光度数值较小，则噪点就变得很弱，此时的画质比较细腻出色。

光圈 f/4.5，快门速度 45s，焦距 16mm，感光度 ISO2 000

为获得较快的快门速度，可设定高 ISO 感光度拍摄，但这样画面中不可避免会产生噪点，并且 ISO 数值越高，噪点越多

6.3.4 降噪技巧

为降低高感照片中的噪点，优化照片画质，通常需要开启相机中的高感光度降噪功能。这种降噪是通过相机内的模拟计算来消除噪点。高感光度降噪一共有 4 挡，分别为关闭、弱、标准和强，越强的降噪能力，对噪点的消除效果越好，但是强降噪也会让照片的锐度下降，并损失一些正常的像素细节。

在 α7R III 相机内设定高感光度降噪

■ 在 ISO100 ～ 1 600 之间，高 ISO 降噪设置为"关闭"

相机在 ISO 100 ～ 1 600 设置下，曝光准确时，拍摄的图像素质都较高，色斑状的色彩噪点几乎没有，表现为亮度噪点的图像颗粒虽然在 ISO 1 600 时稍有增加，但图像的解像度很好。此时如果开启高感光度降噪，会降低图像的锐度。因此在 ISO 100 ～ 1600 的感光度范围，建议将高感光度降噪功能选择"关闭"选项。

■ 在 ISO 1 600 ～ 3 200 之间，高 ISO 降噪设置为"低"

轻度降噪可保证高像素优势，在 ISO 1 600 ～ 3 200 之间进行拍摄，图像中的亮度噪点变得非常明显，呈现粗糙的颗粒感，此时可以将高 ISO 降噪设置为"弱"，以保证图像低噪点的平滑解像效果。

光圈 f/4，快门速度 1/250s，焦距 50mm，感光度 ISO2 000，曝光补偿 –1.3EV

夜晚如果要手持拍摄夜景，设定 ISO 1 600 以上的高感光度是必需的，此时建议开启高 ISO 降噪功能"弱"

■ 在 ISO 3 200 ～ 102 400 之间，高 ISO 降噪设置为"标准"

ISO 3 200 ～ 102 400 属于典型的高感光度范围，在这个范围中色斑状的色彩噪点以及表现为亮度噪点的图像颗粒都变得非常明显，此时将高感光度降噪功能设置为"标准"，可以很好地去除噪点，使画面平滑，色斑也会消失。

光圈 f/4.5，快门速度 1/40s，焦距 45mm，感光度 ISO3 200

手持相机在入夜时拍摄，要有足够的快门速度，相机设定超高的 ISO 是肯定的，本画面使用 ISO 3 200 拍摄，高感光度降噪功能设定为"标准"

在光照严重不足的条件下拍摄时，使用 ISO 6 400 以上的超高感光度更容易得到充足曝光量。但需要注意的是，当使用 ISO 6 400 以上的高感光度时，即便进行了降噪，色彩噪点和亮度噪点也会明显增多。

光圈 f/4，快门速度 30s，焦距 16mm，感光度 ISO10 000

拍摄夜景星空，如果要得到充足的曝光量，必须要使用高感光度及较长的曝光时间才能实现。本画面设定 ISO 10 000 拍摄，高感光度降噪设定为"标准"，但画面噪点仍然比较严重

拍摄较暗的场景时，为避免使用高感光度产生大量的噪点，摄影师需设定低感光度，或是进行感光度降噪。

那进行长时间曝光会怎样呢？其实也会产生非常明显的噪点。因为通过长时间感光来让 CMOS 获得充足的曝光量的同时，CMOS 中的干扰信号也会获得长时间的响应，最终在成像画面中变得明显起来，同样会出现一些严重的噪点。

因此相机也都设定了长时间曝光降噪功能。如果开启了长时间曝光降噪功能，那么它是在相机完成曝光后自动进行的，这一处理过程所花费的时间接近曝光所用的时间。如使用了 30s 的长时间曝光，那么降噪过程也将在 30s 左右。在降噪处理过程中，摄影师无法进行下一次的拍摄，必须耐心等待。在连拍释放模式下，相机的连拍速度会下降，在照片处理期间内存缓冲区的容量也将减少。

摄影师在拍摄某些题材时，需要在弱光下进行长时间曝光。这个技巧多用于拍摄梦幻如纱的流水，灯光璀璨城市夜景或斗转星移的晴朗夜空，通常使用"B"门拍摄，曝光时间从数秒到数小时不等。由于数码单反相机感光元件的工作原理，在进行超过 1s 以上的长时间曝光时，不可避免地产生噪点。这种噪点通常显现为颗粒状的亮度噪点，即使使用 ISO 100 的低感光度也难以避免。这时就需要考虑是否开启"长时间曝光降噪功能"来抑制噪点了。开启该功能，可以提升照片品质，但相应的会花费大量时间降噪，在此期间摄影师无法使用相机，并且相机会持续耗电，有些得不偿失。因此，建议如果曝光时间超过 30s，那就关闭"长时间曝光降噪功能"，并拍摄 RAW 格式照片，然后在后期软件中进行降噪。

长时间曝光降噪功能的设定菜单。大部分情况下，建议关掉该功能

光圈 f/4，快门速度 30s，焦距 16mm，感光度 ISO4 000

拍摄一些星空夜景，建议关闭长时间曝光降噪功能。对于一般的城市夜景来说，摄影师可以根据实际情况来判断是否开启长时间曝光降噪功能

光圈 f/4，快门速度 252s，焦距 17mm，感光度 ISO1 600

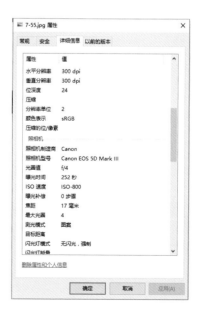

如果开启长时间曝光降噪，一是效果未必好；二是拍摄252s，长时间降噪的时间也要252s，那拍摄一张照片的时间就变为了504s，得不偿失。所以这种情况下，大多要关闭长时间曝光降噪功能，之后在后期软件中进行画质的优化

第7章

在相机内对色温、白平衡进行设定，可以改变所拍摄照片的颜色，这是能学到最简单、最重要的控制色彩的技巧。但除此之外，其实还有另外三个非常重要的因素，也会对照片的色彩产生较大影响。本章将介绍影响照片色彩的四个主要因素：色温与白平衡，创意风格，色彩空间，加白或加黑。

影响照片色彩的四大核心要素

光圈 f/4，快门速度 1/1 250s，焦距 70mm，感光度 ISO200

7.1 白平衡与色温

7.1.1 白平衡的概念/定义

在介绍白平衡的概念之前，先来看一个实例：将同样颜色的蓝色圆分别放入黄色和青色的背景当中，然后来看蓝色圆给人的印象，此时会感觉到不同背景中的蓝色圆色彩是有差别的，而其实却是完全相同的色彩。为什么会这样呢？这是因为大家在看这两个蓝色圆时，分别以黄色和青色的背景作为参照，所以感觉会发生偏差。

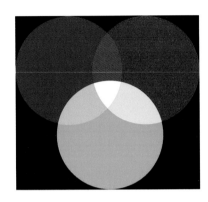

通常情况下，人们需要以白色为参照物才能准确辨别色彩。红、绿、蓝三色混合会产生白色，然后这些色彩就是以白色为参照才能让人们分辨出其准确的颜色。所谓调整白平衡就是指以白色为参照来准确分辨或还原各种色彩的过程。如果在白平衡调整过程中没有找准白色，那么还原的其他色彩也就会出现偏差。

要注意，在不同的环境中，作为色彩还原标准的白色也是不同的，例如在夜晚室内的荧光灯下，真实的白色要偏蓝一些，而在日落时分的室外，白色是偏红黄一些的。如果在日落时分以标准白色或冷蓝的白色作为参照来还原色彩，那也是要出问题的，这时应该使用偏红黄一些的白色作为标准。

相机取景与人眼视物一样，在不同的光线环境中拍摄，也需要有白色作为参照才能在拍摄的照片中准确还原色彩。为了方便摄影者使用，相机厂商分别将标准的白色放在不同的光线环境中，并记录下这些不同环境中的白色，

在 α7R Ⅲ 相机内设定不同的白平衡模式

内置到相机中，作为不同的白平衡标准（模式）。

这样摄影者在不同环境中拍摄时，只要根据当时的拍摄环境，设定对应的白平衡模式即可拍摄出色彩准确的照片了。现实世界中，相机厂商只能在白平衡模式中集成几种比较典型的光线情况，肯定是无法记录所有场景的。这些典型的场景包括晴天（即日光）场景、阴影场景、阴天场景、白炽灯（即钨丝灯）环境、荧光灯环境、闪光灯环境，大家在相机内可以看到这些具体的白平衡模式。

7.1.2 色温的概念

在相机的白平衡菜单中，每种白平衡模式后面都对应着一个色温（color temperature）值。色温是物理学上的名词，它是用温标来描述光的颜色特征，也可以说是色彩对应的温度。

大家都知道，把一块黑铁加热，令其温度逐渐升高，起初它会变红变橙，也就是常说的铁被烧红了。此时铁发出的光，色温较低。随着温度升高，它呈现的颜色逐渐变成黄色、白色，此时的色温属于中等；继续加热，温度大幅度提高后铁呈现紫蓝色，此时的色温较高。

色温是专门用来量度和计算光线颜色成分的指标，19 世纪末由英国物理学家威廉·汤姆森（William Thomson）即开尔文勋爵所提出，因此色温的单位是开尔文（记作 K）。开尔文假定存在一种标准黑体物质，能够将落在其上的所有热量全部吸收且没有损失，同时又能够将热量全部以光的形式释放出来。将标准黑体加热，温度升高到一定程度时颜色逐渐由深红变成浅红、橙、黄、白、蓝。这种黑体物质的温度是从绝对温标（-273℃）开始计算的，即光源的辐射在可见区和绝对黑体的辐射完全相同时，将黑体当时的绝对温度称为该光源之色温。

自左向右，色温逐渐变高，色彩也由红色转向白色，然后转向蓝色

低色温光源的特征是能量分布中红辐射相对多些，通常称为暖光；色温提高后，能量分布中蓝辐射的比例增加，通常称为冷光。

这样，大家可以考虑用色温来衡量不同环境的照明光线了。举例来说，早晚两个时间段，太阳光线呈现红黄等暖色调，色温相对偏低；而到了中午，太阳光线变白，甚至有微微泛蓝的现象，这表示色温升高。相机作为一部机器，是善于用具体的数值来进行精准计算和衡量的，所以晴朗天气，室外正午日光下的白平衡标准，也可以说是色温 5 200K 下的白平衡标准。其他的白平衡模式与色温的对应关系也可以以此类推。

用下面这幅图来说明，下午太阳光线强烈，设定日光白平衡模式可以准确还原照片色彩。由于白平衡模式与色温是一一对应的关系，因此在这里直接设定 5 200K 的色温值，拍摄出来的照片色彩还原非常准确。

光圈 f/8，快门速度 1/50s，焦距 16mm，感光度 ISO100

刚过午后，现场的光线接近标准色温 5 200K，因此不必设定日光白平衡模式，直接设定 5 200K 的色温，拍摄出的照片色彩还原准确

下面这个表向大家展示了白平衡模式、色温值、适用条件的对应关系。

不同白平衡设定与环境光线色温的对应

白平衡设置	测定的色温值	适用条件
日光白平衡	约5 200K	晴天除早晨和日暮之外的室外光线
阴影白平衡	约7 000K	黎明、黄昏、晴天室外阴影处
阴天白平衡	约6 000K	阴天或多云的户外环境
钨丝灯白平衡	约3 200K	室内钨丝灯光线下
荧光灯白平衡	约4 000K	室内荧光灯光线下
闪光灯白平衡	约5 200K	相机闪光灯光线下

说明：（1）表中所示为比较典型的光线与色温值对应关系，这只是针对索尼品牌相机的一个大致的标准，不能生搬硬套；（2）在 α7R Ⅲ 相机内，还设定了自动白平衡等多种其他的白平衡模式，是属于相机智能自动设定的，色温并不是固定的。

7.1.3　还原景物色彩的关键

　　如果在钨丝灯下拍摄照片，设定钨丝灯白平衡（或设定 2 800K 左右的色温值）可以拍摄出色彩还原准确的照片；在正午室外的太阳光下拍摄，设定日光白平衡模式（或设定 5 200K 左右的色温值），也可以准确还原照片色彩。如果设定了错误的白平衡模式，会有什么样的结果呢？

　　通过具体的实拍效果来看。下面这个场景是在中午 11:40 左右拍摄的，即准确色温在 5 200K 左右。在此使用相机内不同的白平衡模式拍摄，来看色彩的变化情况。

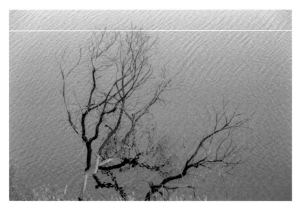

白炽灯白平衡模式拍摄：色温2 800K

荧光灯白平衡模式拍摄：色温3 400K

晴天白平衡模式拍摄：色温5 200K

闪光灯白平衡模式拍摄：色温5 200K

阴天白平衡模式拍摄：6 000K

背阴白平衡模式拍摄：色温8 000K

从上述色彩随色温的设置而变化中，得出了这样一个规律：相机设定与实际色温相符合时，能够准确还原色彩；相机设定的色温明显高于实际色温时，拍摄的照片偏红；相机设定的色温明显低于实际色温时，拍摄的照片偏蓝。

光圈 f/7.1，快门速度 1/20s，焦距 22mm，感光度 ISO100

这是早上 5 点左右刚日出拍摄的一张照片，如果直接设定晴天白平衡模式，也就是 5 200K 的色温来拍摄，那照片色彩肯定是不准确的。而摄影师根据经验判断，当时的色温值在 4 500 ~ 5 000K 这个范围，因此设定了 4 800K 的色温值，最终非常准确的还原了当时的色彩

7.1.4 核心知识：白平衡模式的四个核心技巧

　　只有根据不同光线调整色温，告诉相机当前场景的白色标准是什么，照片才不会偏色。但也不能在每次拍摄前都去测量光的色温值，再调整白平衡进行拍摄。为解决这个问题，相机设定了多种不同的白平衡模式。

■ 按照环境光线设定白平衡

　　相机厂商测定了许多常见环境中的白色标准，如日光环境下、荧光灯环境下、白炽灯环境下、背阴处、阴天时等。然后将这些白色标准内置到相机里，对应不同的白平衡，摄影者在这些环境中拍摄时，直接调用相机内置的这些白平衡即可拍摄到色彩准确的照片。

光圈 f/11，快门速度 1/320s，焦距 16mm，感光度 ISO100，曝光补偿 +1EV

午后的太阳光线下拍摄，设定日光白平衡模式，能够比较准确的还原色彩

■ 相机自动设定白平衡

尽管 α7R Ⅲ 提供了多种白平衡设定供摄影者选择，但是确定当前使用的选项并进行快速操作对于初学者依然显得复杂而难于掌握。出于方便拍摄的考虑，厂家开发了自动白平衡（AUTO）功能，相机在拍摄时经过测量、比对、计算，自动设定现场光的色温。在通常情况下，自动白平衡都可以比较准确地还原景物色彩，满足摄影者对图片色彩的要求。自动白平衡适应的色温范围在 3 500 ~ 8 000K 之间。

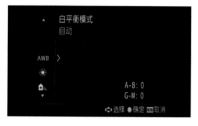

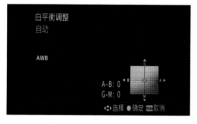

对于大多数场景，自动白平衡可以得到比较准确的色彩还原

小提示

自动白平衡的保持白色挡，相机会自动矫正可能出现的暖色偏。这是我们最常使用的白平衡设置。

光圈 f/8，快门速度 1/500s，焦距 70mm，感光度 ISO400

自动白平衡适应范围广，准确性很高。幽暗的弱光环境中，利用自动白平衡模式能够比较准确的还原色彩

色温调节的最低值

色温调节的最高值

■ 摄影者手动选择色温

　　K值选择色温的调整模式：可以在2 500 ～ 9 900K范围内进行色温值的调整。数字越高得到画面色调越暖。反之画面色调越冷。K值的调整是对应光线的色温值来调整的，光线色温多少就调整K值多少，才能得到色彩正常还原的图片（因为所有的色温模式值都能从K值中调整出，所以许多专业的摄影师选择此种模式调整色温）。

小提示

K值选择色温的调整模式，并不是所有机型都有的，只有类似于α7RⅢ这类中高档数码单反机型中才有，而在一些入门级单反相机中，是没有这一功能的。

光圈 f/7.1，快门速度 1/1 250s，焦距 100mm，感光度 ISO400

太阳将近落山，现场环境的色温值已经降到了4 000K左右，最终拍摄时，手动设定了3 700K的色温拍摄，基本上非常准确的还原了色彩

■ 摄影者自定义白平衡

　　虽然用数码后期软件可以对照片的白平衡进行调整，但在没有参照物的情况下，很难将色彩还原为本来的颜色。在拍摄商品、静物、书画、文物这类需要忠实还原与记录的对象时，为保证准确的色彩还原，不掺杂任何人为因素与审美倾向，可以采用自定义白平衡设定，以适应复杂光源，满足严格还原物体本身色彩的要求。

光圈 f/2.8，快门速度 1/400s，焦距 135mm，感光度 ISO500

在光源特性不明确的陌生环境中，如果希望准确记录拍摄对象的颜色，可以使用标准的白板（或灰板）对白平衡进行自定义，确保拍摄的照片色彩还原准确

光圈 f/8，快门速度 1/15s，焦距 16mm，感光度 ISO200

强烈色彩氛围的光源下，使用手动预设白平衡可以较好的对色彩做出补偿，尽可能还原拍摄对象自身的颜色

7.1.5　如何灵活使用白平衡表现摄影师创意

纪实摄影要求摄影师客观真实地记录世界，以再现事物的本来面貌，比如摄影师按照实际光线条件选择对应的白平衡，可以追求景物色彩的真实性。而摄影创作（如风光）则是在客观世界的基础上，运用想象的翅膀，创造出超越现实的美丽图画。这样的摄影创作或许超越了常人对景物的认知，但它能够给观者带来美的享受和愉悦感。通过手动设定白平衡的手段，摄影师可以追求气氛更强烈甚至是异样的画面色彩，强化摄影创作中的创意表达。

人为设定"错误"的白平衡设置，往往会使照片产生整体色彩的偏移，也就制造出不同于现场的别样感受。如偏黄可以营造温暖的氛围，怀旧的感觉；偏蓝则显得画面冷峻、清凉甚至阴郁。

光圈 f/8，快门速度 30s，焦距 16mm，感光度 ISO400，多张堆栈

夜晚的城市中光线非常复杂，白炽灯、荧光灯、天空也会有一些照明，如此复杂的光线下应该尽量让照片色彩往某一个方向偏移，面对这种情况时，建议设定较低的色温，让照片偏向蓝色，画面会非常漂亮

光圈 f/8，快门速度 1/320s，焦距 70mm，感光度 ISO100，曝光补偿 −0.3EV

日落时分，阳光穿过云层光影效果非常出色，但使用自动白平衡只能得到灰蒙蒙的光影效果，落日的金黄色彩黯淡了很多。有意使用背阴白平衡可以令金黄色彩得到夸张，而且影调层次也丰富了很多

7.1.6 需格外注意的阴天白平衡模式

根据之前介绍过的知识技巧，拍摄照片时摄影者只要根据现场的实际天气光线条件，设定正确的白平衡模式就可以了。但如果是有一定摄影经验的摄影者，那可能会发现一个问题，在阴天时拍摄，如果设定的是阴天白平衡模式，那么拍摄出来的照片往往是过于偏红或是偏黄的。如下面的例子，在拍摄时阴云密布，还有淅淅沥沥的小雨，摄影师先设定为阴天白平衡模式拍摄，却发现照片色彩明显偏暖了，于是设定色温为4 800K，结果照片色彩反而变得非常准确了。

阴天白平衡模式拍摄（6 000K）

设定较低的色温（4 800K）拍摄

光圈 f/8，快门速度 1/200s，焦距 29mm，感光度 ISO400

在现实环境中，阴天的光线是多样化的，大多数的阴天场景，色温是要低于 6 000K 的。

所以在一般的阴天环境中摄影师设定阴天白平衡拍摄，是要高于现场实际色温的，照片往往会偏红黄色。

对于这种情况，建议在阴天环境中拍摄时，大多数情况下也要设定自动白平衡模式来拍摄，由相机根据实际情况来设定色温值，更加准确的还原场景的真实色彩。

7.2 创意风格（照片风格）

7.2.1 风格设定对照片的影响

相机的 JPG 格式照片是 RAW 格式原片经过压缩和优化后输出的。而为了适应不同的拍摄题材，厂商为 JPG 输出设定了不同的优化方式。佳能称为照片风格，尼康称为优化校准，而索尼则称为创意风格。例如，拍摄风光题材时，只要拍摄者设定风景创意风格，那相机输出的 JPG 格式照片中，绿色草地及蓝色天空等的颜色饱和度会比较高，并且照片的锐度和反差也会较高，画面看起来色彩明快、艳丽；而如果摄影者设定人像风格，那输出的 JPG 格式则会亮度稍高，而饱和度、反差等都相对较低，这样可以让人物的肤色显得平滑白皙。

拍摄照片时，可以根据不同的拍摄对象或是题材，设置与主题相切合的创意风格，如标准、肖像、风景等。

小提示

在进行大量拍摄某类照片之前，建议摄影者提前进行照片"创意风格"设定。

自动： 可以根据场景自动调整照片风格。例如拍摄风光时，相机会自动设置更为鲜艳的色彩；拍摄人像时则适当降低色彩纯度，让人物肤色白皙漂亮。

标准： 使用标准风格拍摄的照片，图像鲜艳、清晰、明快。该模式适用于大多数拍摄场景，也就是说，无论风光摄影还是人像摄影，无论雪景或是夜景摄影，都可以使用标准风格拍摄照片。

中性： 中性风格的照片色彩和画面柔和度都比较适中，比较适合进行计算机后期处理。

人像： 人像风格的特色是表现人物的肤色。人像风格的照片清晰、明快，拍摄女性或是小孩时效果非常明显。在人像拍摄模式下，照片风格自动默认为人像风格。此外，调整色调也能改变人物的肤色。

风光： 风光风格适宜拍摄风景照片。此风格照片蓝色调和绿色调的景物非常清晰、鲜艳、明快。拍摄模式设定为风景时，默认为风光风格。

单色： 单色风格适用于黑白照片的拍摄，可以记录画面冲击力很强的黑白影像。

选择好具体的拍摄风格后，如果觉得照片在锐度、对比度、亮度、饱和度或色相方面仍不是太理想，可以进入调整菜单进行微调。

精致细节： 锐度较高，但反差、饱和度较低。这样在确保图像锐利的前提下，可以保留更多的细节。拍摄微距、静物类题材时可以考虑使用。

小提示

选择好具体的拍摄风格之后，如果觉得照片在锐度、对比度、亮度、饱和度或色相方面仍不是太理想，可以进入调整菜单进行微调。

创意风格：生动

创意风格：风景

创意风格：人像

7.2.2　创意风格设定的重要常识

一般情况下，摄影师需要根据实际拍摄的题材来设定照片风格。那设定了错误的照片风格，比如拍摄人像时不小心设定为风光风格，怎么办呢？只要摄影者拍摄了 RAW 格式文件，就不会产生严重的后果。如果没有拍摄 RAW 格式文件，也就是说没有保留最原始全面的拍摄信息，直接将拍摄场景优化并压缩为一张 JPG 照片，那照片的色彩表现力就会差一些。

■ 针对 RAW 格式设定

照片风格是相机将拍摄的原始信息（可以认为是 RAW 格式原始文件）转为 JPG 格式时的优化方式。如果拍摄人像时设定了风光风格，后果是拍摄出的 JPG 格式照片色彩过于浓郁。要修正这个错误，只要在后期软件中打开 RAW 格式文件，设定为人像风格，然后重新转一张 JPG 格式照片出来就可以了。在佳能原厂的 DPP 软件中，可以直接设定人像风格。而在 Photoshop 的 Camera Raw 组件中，只要在相机配置文件中将照片风格设定为 Portrait（肖像）即可。

■ 针对 JPG 格式设定

如果摄影者不善于使用 RAW 格式文件，只拍摄 JPG 照片，会有两种情况需要面对。其一，如果不对照片进行后期处理，就必须根据拍摄题材设定正确的照片风格，拍风景就设定风光风格，拍人物就设定为人像风格。其二，如果想对 JPG 格式照片进行一定的后期处理，就应该将照片设定为标准等风格。这些风格的色彩饱和度、锐度、反差等都比较低，给后期制作留出了充分的空间。如果设定了风光等照片风格，在后期制作时再进行饱和度的提升，那照片的色彩就会过度浓郁而失真了。

光圈 f/8，快门速度 1/640s，焦距 18mm，感光度 ISO320

设定风景创意风格，在直接输出 JPEG 格式照片时，画面效果更令人满意

7.3　色彩空间

7.3.1　sRGB与Adobe RGB色彩空间

色彩空间也会对照片的色彩有一定影响，但在人眼可见的范围之内，几乎分辨不出差别。人眼对色彩的感觉与计算机以及相机对色彩的反应是不同的。通常来说，计算机与相机对色彩的反应要弱于人眼。因为前两者要对色彩抽样并进行离散处理，处理过程中会损失一定色彩，并且色彩扩展的程度也不够，有些颜色无法在机器上呈现。计算机与相机处理色彩的模式称为色彩空间，主要有两种，分别为 sRGB 色彩空间与 Adobe RGB 色彩空间。

sRGB 是由微软公司联合惠普、三菱、爱普生等公司共同制定的色彩空间，主要为计算机处理数码图片有一个统一的标准而设定，当前绝大多数的数码图像采集设备都已经全线支持 sRGB 标准。在数码单反相机、摄像机、扫描仪等设备中都可以设定 sRGB 选项。但是 sRGB 色彩空间有明显的弱点，主要是这种色彩空间的包容度和扩展性不足，许多色彩无法在这种色彩空间中显示，拍摄照片时会出现无法还原真实色彩的情况。也就是说，这种色彩空间的兼容性更好，但在印刷时的色彩表现力可能会差一些。

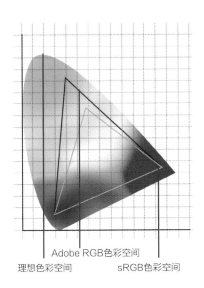

Adobe RGB色彩空间

理想色彩空间　　　　　　　sRGB色彩空间

Adobe RGB 是由 Adobe 公司在 1998 年推出的色彩空间，与 sRGB 色彩空间相比，Adobe RGB 色彩空间具有更为宽广的色域和良好的色彩层次表现，在摄影作品的色彩还原方面 Adobe RGB 更为出色，在印刷输出方面，Adobe RGB 色彩空间更是远优于 sRGB。

从应用的角度来说，摄影师可以在相机内设定 Adobe RGB 或 sRGB。如果为了所拍摄照片的兼容性考虑（要在手机、计算机、高清电视等电子器材上显示统一色调风格），并将会大量使用直接输出的 JPEG 照片，那建议设定为 sRGB 色彩空间。如果拍摄的 JPEG 照片会有印刷的需求，可以设定色域更为宽广一些的 Adobe RGB。

如果摄影师具备较强的数码后期能力，会对 RAW 格式照片进行后期处理再输出，那拍摄时就不必考虑色彩空间的问题了，因为 RAW 格式文件包含更为完美的色域，远比机内设定的两种色彩空间的色域要宽。照片处理之后再设定具体的色彩空间输出就可以了。

7.3.2　了解ProPhoto RGB

之前很长一段时间内，如果摄影者对照片有冲洗和印刷等需求，应将后期软件的色彩空间设定为 Adobe RGB，再对照片进行处理，这样色域比较大。如果仅在个人计算机及网络上使用照片，那设定为 sRGB 就足够了。但用 Lightroom 与 Photoshop 传输和处理文件时，上述规律不再适用。随着技术的发展，当前较新型的数码单反相机及计算机等数码设备都支持一种新的色彩空间——ProPhoto RGB。ProPhoto RGB 是一种色域非常宽的色彩空间，其色域比 Adobe RGB 大得多。

数码单反相机拍摄的 RAW 格式文件是原始数据，包含了非常庞大的颜色信息量，如果将后期软件工作的色彩空间设定为 Adobe RGB，是无法容纳 RAW 格式文件庞大的颜色信息量的，必定会损失一定量的颜色信息，而使用 ProPhoto RGB 则不会。下图向观者展示了多种色彩空间的示意图：可将背景的马蹄形色域（Horseshoe Shape of Visible Color）视为理想的色彩空间，该色域之外的白色为不可见区域；Adobe RGB 色彩空间虽然大于 sRGB，却依然远小于马蹄形色域；与理想色彩空间最为接近的是 ProPhoto RGB，足够容纳 RAW 格式文件包含的颜色信息，将后期软件设定为这种色彩空间，再导入 RAW 格式文件，就不会损失颜色信息了。

从RAW格式转为JPEG，设定sRGB色彩空间后的画面效果

从RAW格式转为JPEG，设定Adobe RGB色彩空间后的画面效果

从RAW格式转为JPEG，设定ProPhoto RGB色彩空间后的画面效果

光圈 f/22，快门速度 8s，焦距 16mm，感光度 ISO50

总之，Adobe RGB 色彩空间还是太小，不足以容纳 RAW 格式文件包含的颜色信息，ProPhoto RGB 才可以。

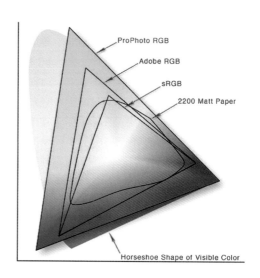

ProPhoto RGB 色彩空间主要在数码后期软件 Photoshop 中使用，设定这种色彩空间，可以给 Photoshop 搭建一个近乎完美的色彩空间处理平台，这样在 Photoshop 打开其他色彩空间时，就不会出现色彩细节损失的情况了（比如说，Photoshop 设定了 sRGB 色彩空间，那打开 Adobe RGB 色彩空间的照片时，就会损失照片的色彩细节）。

RAW 格式文件之所以能够包含极为庞大的原始数据量，与其采用了更大位深度的数据存储是密切相关的。8 位的数据存储方式，每个颜色通道只有 256 种色阶，而 16 位文件的每个颜色通道将有数千种色阶，这样就能容纳更为庞大的颜色信息量。所以说，我们将 Photoshop 的色彩空间设定为 ProPhoto RGB 后，同时将位深度设定为 16 位，才能让两种设定互相搭配、相得益彰，设定为 8 位是没有意义的。

7.4 加白和加黑对色彩的影响

明度是色彩三要素之一。在色彩中加白或加黑都会让色彩饱和度下降。在具体的摄影领域，提高照片亮度（如拍摄时增加曝光值，后期处理时提高照片亮度等）就相当于加白，降低照片亮度就相当于加黑，这都会造成色彩饱和度的下降，只有明暗适中的照片，色彩表现力才会最强。

从下面这个图中可以看到，中间是不同的色彩，向上是加白，明度变亮，向下是加黑，明度变暗。但这两种变化都会让色彩的饱和度降低。

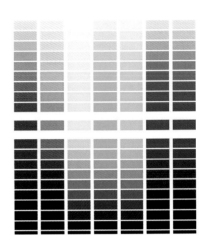

例如，在实际的应用当中，如果摄影师要拍摄美女人像写真，此时提高曝光值（前提是不会严重过曝），那就相当于加白，色彩饱和度会降低，这样人物肤色就不会太深；同时人物肤色变亮，会显得白皙很多。

光圈 f/1.8，快门速度 1/200s，焦距 85mm，感光度 ISO100

第8章

闪光灯是摄影中应用最广泛的人造光源，可以在环境光线不足的情况下进行光效补充。早期的闪光灯采用人工控制，摄影者根据闪光灯的同步速度设定相机的快门速度，根据拍摄对象到相机的距离和所用胶片的感光度来计算应采用的光圈值。

随着技术的发展，闪光灯与相机之间不但可以进行信息交换，根据机身的对焦信息得到拍摄距离，还可以控制闪光的输出量并自动设置光圈，获得多样化的创意拍摄效果。

制造光线——闪光灯

光圈 f/4，快门速度 1/160s，焦距 85mm，感光度 ISO400

8.1 闪光灯的基本功能原理

8.1.1 闪光指数（GN）与闪光距离

闪光灯指数（GN）是反映闪光灯功率大小的参数。闪光灯指数（GN）的数值越大，表示闪光灯功率越大，发出的光强度越高。当采用手动曝光进行闪光灯拍摄时，通过闪光指数和拍摄距离，可以计算曝光使用的光圈，如下所示。

闪光指数（ISO 100）/ 拍摄距离（m）= 光圈值

在光圈确定时，也可以利用闪光指数计算出闪光灯的有效距离。如果拍摄对象与相机的距离超出计算出的有效距离，就有可能造成曝光不足。解决办法是提高 ISO 感光度设置，或者使用闪光指数更高的外置闪光灯。

光圈 f/16，快门速度 1/125s，焦距 90mm，感光度 ISO400

将 ISO 感光度提升到 400 可以增加闪光灯的有效距离，同时尽量保留现场光线曝光，避免暗处漆黑一片

闪光指数是以ISO 100为标准确定的，在数码单反相机上可以很方便地通过增加感光度来增加最大闪光距离。ISO感光度提高2挡，闪光灯的拍摄距离增加1倍。

8.1.2 TTL闪光

TTL 是 Through The Lens（通过镜头）的缩写，表示任何采用测量曝光方式的闪光灯系统。TTL 最早应用于胶片单反相机，光线通过镜头并被胶片反射，闪光灯感应器在曝光期间持续测光，直到获得正确的曝光量。

8.2 闪光灯的使用

8.2.1 闪光灯的应用范围

当环境照度较低，没有携带三脚架或者场景特点不适合采用低速快门时，可以考虑使用闪光灯作为拍摄光源。此外，闪光灯还可以用来填充阴影、增亮背光处的拍摄对象或是作为补充光源使用。

光圈 f/6.3，快门速度 1/80s，焦距 170mm，感光度 ISO640

室内光线较暗，使用闪光灯强制补光可以提升照片的色彩饱和度与明度

光圈 f/2.8，快门速度 1/160s，焦距 mm，感光度 ISO200

使用长焦镜头手持拍摄。为保证清晰，快门速度设为 1/160s，利用闪光灯作为拍摄的主要光源

8.2.2 选择闪光模式

    SONY α7（R/S/Ⅱ）的闪光模式包括：禁止闪光、自动闪光、强制闪光、低速同步、后帘同步闪光、无线遥控。在不同照相模式和功能设定下，相机支持的闪光模式也有所不同。

光圈 f/5.6，快门速度 1/125s，焦距 105mm，感光度 ISO400

前帘同步闪光模式适合大多数场景，快门速度将根据现场光线在 1/250～1/60s 自动设定，环境光参与曝光

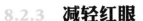

8.2.3　减轻红眼

　　"红眼"是指在光线较暗的环境下用闪光灯拍摄人像特写的时候，由于瞳孔放大让更多的光线通过，因此视网膜的血管会反射出红色。减轻红眼闪光功能便是为了减轻或防止这种现象而设的。减轻红眼闪光可能会造成快门时滞的增加，因此摄影者和拍摄对象都要做好心理准备，在曝光结束前不要移动。

光圈 f/5，快门速度 1/80s，焦距 23mm，感光度 ISO400

在较暗的环境使用闪光灯拍摄人物特写，应尽量开启减轻红眼闪光功能，以避免红眼现象

小提示

该功能不适用于拍摄快速运动的人物。

8.2.4　低速同步

　　当闪光模式设定为低速同步和后帘同步闪光时，可以选择使用较长的曝光时间。此时闪光灯主要负责照亮拍摄对象，而低速快门则可以让远处较暗的背景也能得到充分的曝光。低速同步拍摄需要使用三脚架，以免在长时间曝光时由于相机抖动影响画面的清晰度。

光圈 f/3.2，快门速度 1/5s，焦距 70mm，感光度 ISO640，闪光灯强制闪光

低速快门交代环境，闪光灯照亮拍摄对象，很适合通过虚化表现动感

光圈 f/5.6，快门速度 1/100s，焦距 140mm，感光度 ISO400，曝光补偿 −1.3EV，闪光灯补光

场景中主体人物曝光基本依靠环境自然光，闪光灯进行补光的目的是通过模特眼睛的反光制造眼神光，人物表情更显生动

8.3.1 闪光灯的配备原则

　　SONY HVL-F60M 闪光灯是与 SONY α7R Ⅲ 相配的首选，能够完全支持专业和资深业余摄影师的创意摄影，最大程度地利用光线帮助摄影者实现预期的效果。HVL-F60M 拥有较高的闪光指数（在 105mm 和 50mm 焦距分别为 GN60 和 GN42，ISO100 ／米），内置 LED 灯可以在低光源的拍摄环境为摄影或录像补光，最高亮度为 1 200 lux ／ 0.5m，最远照射距离 2 米（ISO3 200，f/5.6），功能完善，性能强劲，适合预算充足的摄影者。

　　摄影者也可以根据实际需要和预算，选择 HVL 系列中其他型号的闪光灯，区别在于闪光指数以及支持功能的差异。通过闪光灯功能按钮与菜单中相关项目的设置，摄影者可以轻松完成对外接闪光灯的控制。

SONY HVL–F60M 闪光灯除了内设反光板和广角扩散片外，还附有柔光罩，进一步拓宽了使用范围

8.3.2 设置闪光同步速度

　　闪光同步速度是使用闪光灯时能够保证整个画面正常曝光的最高快门速度，这是由数码单反相机的帘幕快门结构决定的。帘幕快门分为前帘和后帘两个部分，曝光的过程需要前帘和后帘协同完成，曝光时前帘从下向上打开，达到曝光时间后，后帘从下向上弹出遮挡感光元件，完成均匀曝光，然后同时复位。

　　闪光同步是由快门的机械速度决定的，超过这个速度，后帘就会在前帘全部打开之前开始关闭，由于电子闪光灯的闪光持续时间极为短暂，超过这个速度会使整幅画面接收的闪光量不足，或是部分画面没有受到闪光，形成黑条，甚至画面全黑。

　　SONY α7R Ⅲ 的闪光同步速度为 1/250s。在使用闪光灯（包括影室闪光灯）拍摄时，快门速度应等于或低于闪光同步速度，避免照片下部出现黑影。

光圈 f/11，快门速度 1/250s，焦距 50mm，感光度 ISO 200　　　　光圈 f/11，快门速度 1/320s，焦距 50mm，感光度 ISO 200

影棚内使用影室闪光灯拍摄。左图所示照片的快门速度为 1/250s，与闪光同步速度相同，整个画面曝光准确。右图所示照片的快门速度为 1/320s，高于闪光同步速度，画面底部出现未曝光的黑条

8.3.3　闪光补偿设置

　　闪光补偿主要用于调整闪光量，以改变闪光照射范围内拍摄对象的曝光。正闪光补偿增加闪光量，被闪光灯照亮的拍摄对象会表现得更为明亮；负闪光补偿减少闪光量，有助于防止产生不需要的反射与亮点。SONY α7R Ⅲ闪光补偿的范围为 ±3EV。

光圈 f/6.7，快门速度 1/60s，焦距 70mm，感光度 ISO1 000，闪光补偿 –0.7EV

通过闪光补偿对闪光灯的光线情况稍作弱化，同时可以减轻闪光反射形成的高光点，对于表现模特的真实肤色和皮肤质感更加有利

8.3.4　无线闪光

　　为了进一步拓展闪光灯的应用范围和闪光摄影的表现力，摄影师希望闪光灯的位置能够更为灵活，数量也能够更多。最简单的离机闪光就是把闪光灯与相机的热靴分离，放在任意的离机位置进行同步闪光摄影，通过专用的控制线或无线信号控制闪光灯。这样可以任意控制闪光的方向和强度，形成诸如顶光、侧光、侧逆光和逆光的效果，进行光影的创意表现。

　　更专业的人工布光摄影需要使用多组闪光灯，针对整个画面的各个局部有目的地进行分别补光，此时需要通过相机先进的无线闪光功能对多组闪光单元进行控制。SONY α7R Ⅲ数码微单相机的无线闪光功能可以无线控制 3 组闪光单元——主光、辅光和背景光。当把 SONY F60M 作为主灯时，可以搭配 F60M、F58 和 F43AM 使用，操控 3 组（含主灯）闪光灯的闪光比例，摄影师只需携带 3 只轻便的外接闪光灯就可以轻松完成专业级别的拍摄项目。

第9章

索尼公司为 α7 系列全画幅微单相机提供了多款配套蔡司镜头，做工精细画质优异，摄影者可以根据自己的拍摄习惯和应用范围进行选择。

通过镜头卡口适配器（转换接圈），摄影者可以将任意镜头转接在 α7 上使用，完全不受相机卡口的限制，极大扩展了摄影者的选择空间。

第三只眼
——镜头的选择与使用技巧

光圈 f/8，快门速度 1/320s，焦距 200mm，感光度 ISO100

9.1　镜头的基本知识

数码单反相机的镜头都是由多片镜片组成的，镜片上覆有减轻眩光与反射的镀膜。拍摄对象通过镜头，投射在感光元件上成像。镜头最重要的技术数据是焦距与光圈。可更换镜头数码相机的焦距标注沿用传统的 35mm 胶片相机标准。

■ 焦距

焦距指平行光线穿过镜片后，所汇集的焦点至镜片（镜头的光学中心）间的距离。焦距是镜头最重要的参数之一，不仅决定着拍摄的视角大小，同时还是影响景深、画面透视以及物体成像尺寸的因素。

定焦镜头的焦距采用单一数值表示；变焦镜头分别标记焦距范围两端的数值。焦距的单位为毫米（mm）。

根据用途的不同，镜头的焦距涵盖范围极广，短到几毫米的鱼眼镜头，长至数千毫米的超长焦望远镜头，各自有着不同的用途。

■ 最大光圈

最大光圈表示镜头透过光线的最大能力，也是镜头重要的性能指标。定焦镜头采用单一数值表示；变焦镜头中，恒定光圈镜头（焦距变化而最大光圈保持不变）采用单一数值表示；浮动光圈镜头（光圈值随焦距变化而变化），广角端与远摄端的最大光圈以焦距范围两端的数值标记。光圈没有单位，一般写作"1：（光圈值）"或"f/（光圈值）"。

定焦镜头根据焦距不同，最大光圈一般在 f/1.4 ~ f/2.8，最大有做到 f/1 的镜头，价格极其昂贵；变焦镜头中，恒定光圈 f/2.8 的属于专业级别的高档镜头，而浮动光圈 f/3.5（或更小）~ f/5.6（或更小）类型的多为普及型镜头。

■ 镜头的像差

在光学系统中，由透镜材料特性、折射或反射表面的几何形状引起实际成像与理想成像的偏差称像差。像差是不可能完全消除的，不过镜头厂家通过光学系统的优化设计、制造工艺的改进以及新材料新技术的运用，可以尽量将其降低。

镜头的常见像差有如下几种。

(1) 球面像差：通常表现在广角与超广角镜头中，可以采用非球面镜片来消除。高档镜头使用光学玻璃切削方法制造的非球面镜片，成本较高；普及型的镜头多采用模铸制造的树脂非球面镜片。

(2) 彗形像差：通过收缩光圈可以在一定程度上进行弥补。

(3) 像散：多在长焦镜头中出现，可以通过使用萤石、ED 等低色散镜片或 APO（复消色差）设计进行改善。

(4) 像场弯曲：微距镜头由于其特殊的用途，对于像场弯曲普遍能做到很好的抑制，其他类型的镜头可以通过收缩光圈来弥补。

(5) 畸变：通常在变焦镜头的焦段两端（特别是广角端）表现得比较明显，设计优秀的镜头在畸变抑制上会做得较好。在拍摄产品或建筑时，畸变的影响不可忽视，由于镜头的畸变在边角表现得更明显，因此拍摄时让拍摄对象尽量占据画面中心部分，后期通过剪裁（牺牲部分像素）的方法进行改善。有些畸变通过后期的数码图像处理软件也可以得到一定程度的校正。

评价镜头光学素质的指标包括解像力（细节刻画能力）、色彩还原（再现真实色彩）、反差（层次丰富）与眩光控制（对光线反射的抑制）等。此外，镜头的成像均匀度也需要注意，普遍规律是：中心解像度高，边角解像度低；中心亮度高，边角亮度低；边角成像与中心成像的差距越小，镜头的质量越高。当使用镜头的最大光圈时，成像的不均匀特性表现得最为明显。

光圈 f/8，快门速度 1/400s，焦距 24mm，感光度 ISO80

9.2 镜头焦距与视角

镜头的视角是镜头中心点到成像平面对角线两端所形成的夹角。对于相同的成像面积，镜头焦距越短，其视角就越大。在拍摄时，镜头的视角决定了照片可以拍摄到的范围，当焦距变短时视角变大了，可以拍摄更宽的范围，此时远处的拍摄对象成像较小；当焦距变长，视角变小，能够拍摄到的范围就变窄，但可以使较远的物体成像变大。

此外，不同焦距、不同视角、位于不同距离的拍摄对象之间的透视关系也有着不同的表现，因此熟悉不同焦距镜头的视角表现是摄影师必须修炼的基本功。

■ 视野广阔的广角镜头

广角镜头的焦距短于标准镜头，视角大于标准镜头，画面的透视感较强。常用的广角镜头焦距一般为14～35mm。

由于广角镜头视角大，视野广阔，可以在画面中纳入更多元素，因此在风光摄影中的应用最为广泛。当画面中存在前景时，强烈的透视感可以起到夸张和突出的作用，给人以新奇的视觉感受。由于广角镜头景深较大，因此在记录全景时有独特的优势。

常用焦距： 14mm、16mm、20mm、21mm、24mm、28mm、35mm。

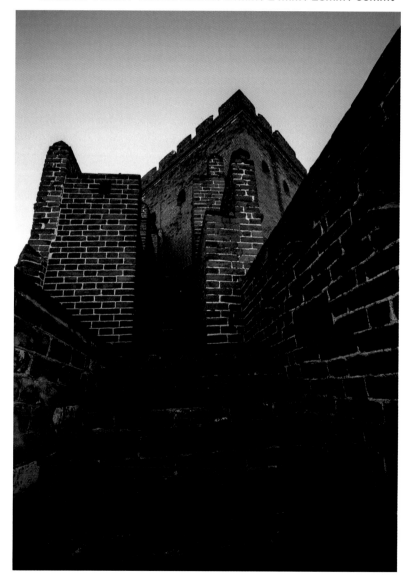

光圈 f/8，快门速度 1/640s，焦距 18mm，感光度 ISO320

光圈 f/5.6，快门速度 1/100s，焦距 55mm，感光度 ISO100

■ 视角平和的标准镜头

标准镜头简称标头，指焦距长度和所摄画幅的对角线长度大致相等的摄影镜头。
对于 35mm 相机，标头的焦距通常为 40 ~ 55mm，其视角一般在 45° ~ 50°。

用标准镜头拍摄的影像范围接近于人眼正常的视角范围，景物的透视也与人眼
的视觉比较接近。因此，使用标准镜头拍摄的照片最为接近眼睛直接观察的画面，
传递出的信息较真实、平和、自然。

常用焦距：43mm、50mm、55mm、60mm。

■ 浓缩精华的长焦镜头

一般把大于 **85mm** 焦距的镜头称为中长焦镜头，其特点是视角小、景深浅，具有压缩透视效果，适合景物与人物的特写拍摄。

使用中，可以利用长焦镜头的压缩透视效果将画面中的元素进行浓缩与提炼，通过改变前景与背景的透视关系来突出拍摄对象、凝聚视线。

在使用长焦镜头时要特别注意对焦准确、持机稳定，并保证快门速度不低于焦距的倒数，这样才能获得清晰的照片。在使用 300mm 以上焦距的大光圈镜头时，由于镜头自身较重，手持拍摄将十分困难，因此需要独脚架或三脚架的辅助。

常用焦距： 85mm、105mm、135mm、180mm、200mm、300mm。

光圈 f/2.8，快门速度 1/2 500s，焦距 200mm，感光度 ISO100，曝光补偿 –0.3EV

■ 超长焦远摄镜头

焦距超过 400mm 的超长焦远摄镜头是专业体育、野生动物和鸟类摄影师的利器，特别是恒定光圈的大口径定焦镜头，可以清晰捕捉到远处的拍摄对象并获得较大尺寸的成像，同时画质也非常优秀。但由于体积较大、重量较重且价格昂贵，只有拍摄特定题材的专业摄影师才会考虑购置超长焦远摄镜头。

光圈 f/7.1，快门速度 1/320s，焦距 400mm，感光度 ISO800，曝光补偿 −0.3EV

9.3 镜头的类型

■ 定焦与变焦镜头

变焦镜头方便实用，定焦镜头成像素质高，硬要二者分出高下，其实没有必要。根据自己的拍摄习惯与题材，在预算范围内选择最适合的镜头才是最明智的。

虽然变焦镜头成像素质稍逊，最大光圈稍小（某些焦距），但是对于大多数摄影者，其便利性的优势更值得关心。而且现在主流的高素质恒定光圈变焦镜头成像水平也非常好，因此已经成为大多数摄影师的选择。

变焦镜头的主要优势

(1) 涵盖多个焦距。一支变焦镜头可以涵盖3～4支定焦镜头的焦距，尽管比单支定焦镜头重不少，但是比起3～4支镜头的总和，重量优势明显，携带也更方便。

(2) 使用便利。需要更换焦距的时候只需要转动变焦环，省去更换镜头的烦琐，同时也避免野外更换镜头容易进灰的烦恼。

■ 微距镜头

微距镜头是拍摄花卉、昆虫等生态题材的利器。顾名思义，微距镜头可以做到极近的对焦距离，便于拍摄微小的物体或是翻拍（35mm 胶片），标准的微距镜头最大放大倍率为 1（感光元件上的成像尺寸与拍摄对象相同）。

微距镜头的特点是：对焦距离短，景深浅，分辨率高，畸变像差极小，像场极平，反差较高，色彩还原准确。

■ 鱼眼镜头

鱼眼镜头是一种焦距极短（通常为 8～16mm）、视角接近或等于 180°的镜头，可以看作是超广角镜头的极致。鱼眼镜头分为圆周鱼眼（成像为圆形，有黑角）与对角线鱼眼（成像为矩形），其中对角线鱼眼镜头可以达到 180°的视角，视觉效果极为夸张新奇，宜用于特定场合或是创意摄影。对于普通摄影者来说，不必专门配置鱼眼镜头。

这是一种特殊的超广角镜头，其视角超出人眼所能看到的范围，并将其展现在一个平面上，与肉眼观察到的真实景物相差甚远，因此较少用于常规摄影题材中。鱼眼镜头的夸张变形可以令看似平常的景物不同寻常，应用得当可以带来很强烈的视觉冲击。

■ 移轴镜头

移轴镜头的特点是可在照相机机身和胶片平面位置保持不变的前提下，使整个摄影镜头的主光轴平移、倾斜或旋转，以达到调整所拍摄影像透视关系或全区域聚焦的目的。为了确保在摄影镜头主光轴平移、倾斜或旋转后仍能获得清晰的影像，移轴镜头的像场比普通镜头大很多。

移轴镜头多用于拍摄高大的建筑物，可以通过调整镜头光轴，校正因拍摄位置受限造成的透视变形。如果使用移轴镜头拍摄静物，可以对特定平面聚焦，得到全画面清晰或局部虚化的效果。

9.4 SONY镜头技术特点

9.4.1 镜头卡口

索尼生产的可换镜头数码相机共有两类：采用半透明反光镜的 A 卡口相机，以及不使用反光镜的 E 卡口相机。SONY α7R Ⅲ 为 E 卡口类型。

除外形尺寸外，A 卡口和 E 卡口镜头的主要区别是"法兰距"。法兰距是指镜头后部到影像（传感器）平面的距离。许多 A 卡口相机均是传统单反相机的设计，即在镜头后部与传感器之间有一个反光镜，因此这种相机需有足够的法兰距来为反光镜提供空间。但 E 卡口相机无反光镜，所需的法兰距要短得多，所以镜头的外形尺寸也更小。

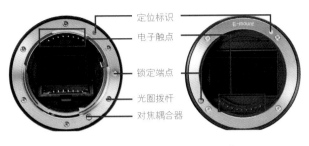

A 卡口 　　　　　　　　E 卡口

9.4.2 传感器规格

35 mm 胶片的画幅尺寸为 36 mm×24 mm，全画幅数码单反相机的图像传感器的尺寸与之接近。APS-C 画幅的感光元件尺寸约为 24 mm×16 mm。适配这两种画幅规格的可更换镜头意味着其像场可以覆盖相应的影像传感器。"DT"系列型号的索尼镜头仅与 APS-C 规格的数码单反 / 单电相机兼容，其他型号的镜头可兼容全画幅和 APS-C 画幅规格。

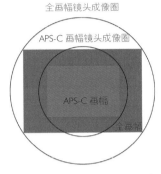

不同画幅与相应镜头成像圈示意图

9.4.3 高品质光学镜片

摄影镜头由多片 / 组光学镜片组合而成，镜片是其中最重要的组件，透光率、曲率以及光路设计等都会直接影响到摄影作品的品质。索尼公司在镜头的研发、设计制作方面精益求精，与光学巨擘蔡司公司的合作令镜头的品质进一步提高。

■ 非球面镜片——改善球面像差与影像扭曲

单反镜头通常由多枚球面镜片组合而成，但球面镜片无法将并行的光线以完整的形状聚集在一个点上，在影像表现力方面具有一定的局限性。索尼对非球面镜片技术进行了深入研发，能够修正大光圈镜头的球差，即使大光圈下也能消除色散，解决了大光圈镜头的球面像差补偿、超广角镜头的影像畸变问题，并可以有效减小变焦镜头的体积。

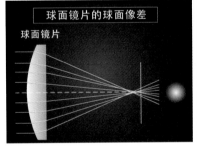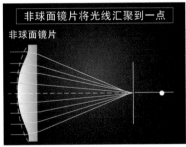

左图为球面镜焦点所形成的弥散圈，右图为非球面镜的清晰焦点示意图

■ ED低色散/超低色散玻璃镜片——减少色差

使用 ED 超低色散镜片（Extra-low Dispersion glass）的镜头可以有效解决长焦镜头容易出现的色差，提高图像的清晰度和锐利度，全开光圈下也能保持较高的解像力，多用于长焦及大光圈镜头（为了纠正色差，部分广角标准镜头也采用此种镜片）。

■ 纳米抗反射涂层

索尼纳米抗反射涂层具有纳米级精细结构，通过涂层中均匀分布的微小突起，大幅度地减少当入射光进入镜片边界时所产生的反射光，有效降低眩光对画质造成的影响。

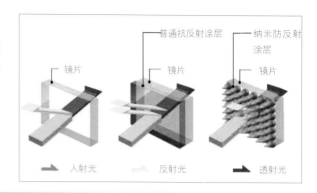

9.4.4 其他特色

■ 超声波马达

SSM（Super Sonic Wave Motor）超声波马达是利用压电陶瓷元件受电压会变形的特性制成的，能在低速下得到较大的旋转扭力，且启动

和制动的可控性较好，声音小。SSM 镜头采用特殊的位置测量元件，可直接检测出调焦环的旋转量，为自动对焦提供精确的驱动控制，可以充分发挥镜头的光学性能。

■ 平滑自动对焦马达

SAM（Smooth Autofocus Motor）平滑自动对焦马达安装于镜头内，无须依靠机身机械传动装置来驱动镜头对焦，自动对焦信

息由机身传递至镜头平滑对焦马达，驱动镜头组，使对焦更加精确，保证了平滑快速的自动对焦。

■ 圆形光圈

一般光圈由 7 ~ 9 片光圈叶片构成，多呈现为 7 角或 9 角形，点光源下的散焦形状不规则。采用 7 ~ 9 片圆形叶片构成的光圈在全开或缩小 2 挡时，背景成像为柔和的圆形虚像，呈现美丽的背景散焦效果。

■ 光学防抖

如果快门速度较慢，摄影师手臂及其他震动会使得进入镜头的光束与镜头的光轴产生偏差，导致图像模糊不清。索尼防抖镜头继承了高端专业摄像机的精密度、安静的线性马达和技术，内置在镜头中的 Gyro 传感器可以侦测非常轻微的震动，并精确地驱动防抖镜片位移以达到安静、有效的影像防抖效果，拍摄出优质的动态和静态影像。

■ 焦距锁定按钮

按下镜筒上的对焦锁定按钮即可锁定某一焦点的位置。如果预设焦距，可通过此按钮预览预设的焦距。

■ 对焦限制器

这是一种为了实现迅速对焦而事先设定对焦范围的功能，常见于 200mm 以上焦距的远摄镜头和微距镜头，它可以限定自动对焦功能在进行对焦操作时的测距距离。限定更小范围、更有效的对焦距离，可以缩短自动对焦的检测时间，加快合焦的速度。

以 AF 70-400mm f/4-5.6 G 镜头为例，如果拍摄的目标距离较远，可以将对焦范围限定为 3m ~ 无穷远，自动对焦的测距范围会被限制在这个区间，从而更快速地完成自动对焦。

9.5 SONY α系列镜头简介

1 Vario-Tessar T* FE 16-35mm F4 ZA OSS

推荐使用场景：快照、室内、风景

这款恒定光圈的超广角变焦蔡司镜头最大光圈为 f/4 恒定，它拥有出色的光学结构设计，画面锐利，细节精湛。蔡司 T* 镀膜技术可以有效抑制眩光并使得图像在色彩、层次方面的表现更为出色。镜头具备 OSS 光学防抖图像稳定功能及防滴防尘设计，适应各种严苛的拍摄环境，是风光摄影、街头抓拍的利器。

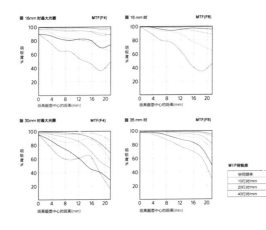

技术参数

镜头结构：	10组12片
最近对焦距离：	约0.28m
最小光圈：	f/22
滤光镜直径：	72mm
尺寸（最大直径×长度）：	约78mm×98.5mm
重量：	约518g

光圈 f/9，快门速度 1/320s，焦距 17mm，感光度 ISO200

光圈 f/4，快门速度 1/200s，焦距 17mm，感光度 ISO100

2 Vario-Tessar T* FE 24-70mm F4 ZA OSS（新品）

推荐使用场景：肖像、快照、室内、风景、旅行、野外

　　这款新推出的蔡司全画幅标准变焦镜头是专门为 E 卡口全画幅机身打造的最佳搭档，涵盖广角段 24mm 到中焦 70mm 的最常用焦段，拥有高性能成像及出色的机动性，体积紧凑便于携带，成像品质优异，可以提供杰出的全画幅表现。镜头具备全程恒定的 f/4 最大光圈，采用 5 枚非球面镜片和 1 枚 ED 超低色散玻璃镜片，经典的天塞结构减小色差和失真。蔡司 T* 涂层可以抑制镜头表面的反射，从而提高透射率，减少耀斑和重影现象。自然的色彩再现和良好的通透度使得拍摄对象得以逼真展现，圆形光圈设计则有助于提供柔和的背景散焦效果。具备光学防抖图像稳定及防尘防滴设计，适用范围极广。

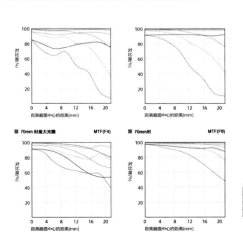

技术参数

镜头结构：10组12片

最近对焦距离：约0.4m

最小光圈：f/22

滤光镜直径：67mm

尺寸（最大直径×长度）：约73mm×94.5mm

重量：约426g

技术参数

镜头结构：5组7片	
最近对焦距离：约0.35m	
最小光圈：f/22	
滤光镜直径：49mm	
尺寸（最大直径×长度）：约61.5mm×36.5mm	
重量：约120g	

光圈 f/8，快门速度 1/125s，焦距 40mm，感光度 ISO100

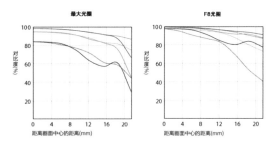

Sonnar T* FE 35mm F2.8 ZA

3

推荐使用场景：肖像、快照、风景、室内、夜景、野外

　　这款蔡司全画幅广角定焦镜头拥有最适合人文题材的经典视角以及 f/2.8 的最大光圈，分辨率和对比度表现杰出。经典的松纳结构，其中 3 片非球面镜片可以有效控制球面像差，蔡司 T* 涂层不仅可以减少耀斑和重影，使自然色彩再现，还有助于实现良好的对比度。圆形光圈设计能够实现美妙散焦背景，防尘防滴设计及精致做工提高了使用的可靠性和耐用性。镜身采用铝合金外壳，小巧轻便，适用题材广泛。

4 Sonnar T* FE 55mm F1.8 ZA

推荐使用场景：肖像、快照、室内、风景、夜景、野外

这款拥有 f/1.8 大光圈的蔡司全画幅标准定焦镜头具备高对比度和高解析力的成像，9 叶片圆形光圈设计可以轻松实现美丽的散焦效果。该头拥有紧凑、精湛的高品质镜身及防尘防滴设计，采用内对焦系统能够实现高速顺滑的自动对焦。

技术参数

镜头结构：5组7片	
最近对焦距离：约0.5m	
最小光圈：f/22	
滤光镜直径：49mm	
尺寸（最大直径×长度）：约64.4mm×70.5mm	
重量：约281g	

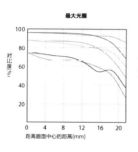

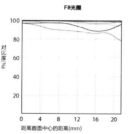

MTF明锐度

空间频率	R	T
10行对/mm	——	······
20行对/mm	——	······
40行对/mm	——	······

R：径向值 T：纵向

光圈 f/5.6，快门速度 1/500s，焦距 55mm，感光度 ISO100

5 FE 70-200mm F4 G OSS

推荐使用场景： 野外、旅行、鸟、运动和行动、肖像、风景、夜景

这款拥有一流成像素质的高机动性能全画幅远摄变焦 G 镜头通过先进的光学技术（ED 超低色散玻璃镜片、高级非球面透镜、纳米抗反射涂层等）达到优异的成像性能，具备 f/4 的恒定最大光圈，9 叶片圆形光圈设计能够呈现美丽的散焦效果。内对焦系统和双线性马达提供高速安静的自动对焦驱动，内置 OSS 光学图像稳定系统可以有效防止抖动造成的图像模糊，防尘防滴设计使其可以胜任严苛环境下的工作。

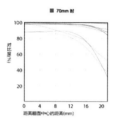
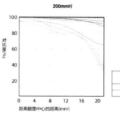

技术参数

镜头结构：15组21片

最近对焦距离：1～1.5m

最小光圈：f/22

滤光镜直径：72mm

光圈 f/4，快门速度 1/400s，焦距 80mm，感光度 ISO320，曝光补偿 −0.3EV

SONY α7RⅢ系列E卡口全画幅机身可以完全兼容E卡口全画幅镜头和E卡口APS-C画幅镜头（此时将以APS-C格式拍摄影像，镜头的实际视角相当于约1.5倍标定焦距时的视角）。

光圈 f/7.1，快门速度 1/800s，焦距 70mm，感光度 ISO640

6 FE 28-70mm F3.5-5.6 OSS

推荐使用场景：旅行、肖像、快照、风景、微距特写、野外

这款价格实惠的全画幅标准变焦镜头轻盈小巧，用途广泛，覆盖了最常用的视角，可以满足大多数常规拍摄需求。3枚非球面镜片和1枚ED玻璃镜片可以减少色差，球面色差和失真也控制在很低的水平，在整个变焦范围内都能实现优秀的成像。内置光学防抖图像稳定功能，可以实现更清晰锐利的手持拍摄效果。防尘防滴设计适用性广，使镜头在恶劣环境条件下也不受影响。

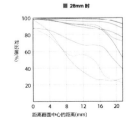

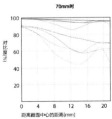

空间频率	最大光圈		F8光圈	
	R	T	R	T
10行对/mm				
30行对/mm				

R：径向值　T：纵向值

技术参数

镜头结构：8组9片	
最近对焦距离：0.3~0.45m	
最小光圈：f/22~f/36	
滤光镜直径：55mm	
尺寸（最大直径×长度）：约72.5mm×83mm	
重量：约295g	

9.6　根据拍摄题材选择镜头

再好的镜头也是为拍摄服务的，有了好相机和好镜头，只是成功作品诞生的硬件基础，运用得当才能发挥其作用。在不同题材的拍摄中，摄影师对镜头的要求也各不相同，需要从焦距、光圈到镜头的附加性能进行综合考量，根据拍摄要求来进行选择。

当然，大多数摄影者涉猎广泛，拍摄题材很广，选购镜头时可以根据自己最常拍摄的内容来决定。如果以人像摄影为主，85mm 和 135mm 的焦段都应重点考虑，另外搭配一只包含广角焦段的变焦镜头（如 16-35mm 或 24-70mm）抓拍动态；如果醉心于生态摄影，那么 105mm 微距镜头是首选（可以兼顾拍摄人像和静物）；喜欢拍摄风光大片，高品质的超广角变焦必不可少。选择正确加上对镜头的性能了然于胸，才能把器材的优势发挥到极致。

光圈 f/9，快门速度 10s，焦距 28mm，感光度 ISO100

恒定大光圈变焦镜头的素质极高，堪与定焦镜头相媲美，用于风光摄影可以把高画质的优势发挥得淋漓尽致

9.7　镜头的合理搭配

索尼出品的蔡司镜头每一支都是精品，对于预算充足的摄影者，选择 3 支恒定 f/4 光圈的变焦镜头既简单又实用，唯一的缺点就是这三支镜头的体积和重量也稍大，在需要长途跋涉的拍摄活动中，很可能会成为负担。如果选择其中一个焦段以定焦镜头来取代，不但可以保证高素质的成像，同时也减轻了摄影包的负荷。具体如何选择，应因人、因题材、因习惯而异，并无一定之规。

光圈 f/8，快门速度 1/160s，焦距 55mm，
感光度 ISO100

旅行途中，携带一支轻便的大光圈定焦镜头
会为摄影师带来极大的便利，可以适应各种
光线环境。55mm 焦距的标准镜头可以很好
地衔接广角变焦镜头与中长焦变焦镜头之
间的空当

9.8　相关的附件与辅助器材

■ 遮光罩

遮光罩可以防止眩光，避免杂光入射到镜片形成有害反射，还能起到一定的保
护作用，是必不可少的附件。多数镜头在购买时会附送配套遮光罩，也有些需要独
立购买。

遮光罩以花瓣形较为常见，这种设计的遮光效果好，且不会造成四角失光，但
是对镜头的设计有一定要求。另一种常见的形式是圆形遮光罩，有橡胶、塑料、金
属等多种材质，常用于定焦镜头。

■ 卡口适配器（镜头转接环）

SONY α7（R/S/ Ⅱ）系列配备 LA-EAx 卡口适配器可以使用 A 卡口全画幅镜
头及 A 卡口 APS-C 画幅镜头（此时将以 APS-C 格式拍摄影像，镜头的实际视角相
当于约 1.5 倍标准定焦距时的视角）。

LA-EAx 卡口适配器包括 LA-EA1、LA-EA2、LA-EA3 与 LA-EA4。其中 LA-
EA1、LA-EA2 支持 APS-C 画幅，LA-EA3、LA-EA4 支持全画幅。卡口适配器的种
类不同，可使用的功能不同。

小提示

A卡口镜头转接到 α7（R/S）后会失去防抖功能。

第 **10** 章

三脚架（或独脚架）、摄影包及各种滤镜是每个摄影师都需要配备的附属器材，
对其进行综合了解有助于摄影者针对个人需求做出最适合自己的选择。
由于数码相机是高精密的电子产品，内部有大量高度集成的电子元件，同时
还有很多光学器件，因此正确的使用、定期的维护保养以及良好收藏环境，
有助于保证相机正常的工作状态，并延长其使用寿命。

摄影好帮手

光圈 f/8，快门速度 1/8s，焦距 16mm，感光度 ISO200

10.1　三脚架与独脚架

拍摄一张清晰的照片，涉及的因素很多，而其中重要的因素之一便是使用三脚架。三脚架可以有效地防止拍摄时相机与镜头的抖动，特别是在光线较暗时，相机曝光时间往往较长，手持相机无法拍出清晰的照片，最典型的应用场合就是拍摄夜景——如果没有三脚架，则根本无法拍摄。在进行微距摄影、精确构图的拍摄时，也需要三脚架的支撑，否则相机的轻微位移就可能造成拍摄失误，无法得到理想的照片。此外，拍摄全景照片时，为了保证后期合成的无缝衔接，拍摄照片素材时应尽可能保持相机水平，有了三脚架的辅助便可以轻松准确地完成。

独脚架可以看作是三脚架的一种特例，大多用于体育摄影。由于只有一根支撑脚，独脚架的稳定性不如三脚架，但是使用灵活，在狭仄的位置也可以使用，同时便于移动与携带，是配合300mm以上的超长焦远摄镜头进行抓拍的利器。

10.1.1　三脚架的结构

标准的三脚架由脚管、中轴和云台三部分组成。有些经济型的入门级三脚架会将中轴与云台做成一体式结构，优点是轻便、价廉，但是稳定性和耐久性均不佳，不能满足更高的需求。

■ 脚管

三脚架的每一条腿都是由数节粗细不等的脚管套叠而成的，大多为 3 ~ 4 节。节数越少，整体稳固性越高，缺点是收合之后仍然较长，便携性降低。

常见的脚管锁定方式分为套管和扳扣两种，摄影者可以根据自己的操作习惯来选择。套管式稳定性好，扳扣式操作快捷。

■ 中轴

中轴负责衔接三脚架主体和云台，并可以快速调节高度。有些三脚架的中轴设计为可以倒置安装，可以将相机的机位降至接近地面，在拍摄特殊题材时非常方便。需要注意的是，虽然可以通过升降中轴来调节相机的高度，但是在中轴高度升至最高时，三脚架整体的稳固程度会降低，因此选择三脚架规格时要将此因素考虑在内。

■ 云台

将相机安装在云台上，可以快速调节拍摄角度和方向。根据结构不同，云台可以分为两大类：三向云台与球形云台。三向云台调整精度高，球台操作灵活，不同的结构特点有各自的适用范围。例如，风光摄影和商业摄影注重构图的严谨与精确，多选择三向云台；人像摄影与体育摄影重视瞬间的抓取和应用的灵活度，因此多选择球形云台。

为了便于快速安装和取下相机，大多数摄影师会选择快装设计的云台。虽然稳定性稍逊，但是操作效率更高，也便于随时更换相机。

10.1.2 三脚架的选择要点

市面上的三脚架种类繁多，价格从几十元到几千元甚至上万元不等，摄影师可以根据自己的经济实力、操作习惯和拍摄题材的特点进行选择。选购三脚架时，关注的选择要点包括稳定性、便携性和性价比。

常见的三脚架脚管材质主要有铝合金和碳纤维两种。优质的铝合金三脚架脚管强度高，结实耐用，易于维护，价格也相对较实惠；缺点是自重较大，机动性差，不便于长途步行携带。碳纤维材质的三脚架轻便结实，承重性能佳；缺点是价格昂贵（与相同承重的铝合金三脚架相比），且抗剪切力差（如果脚管横向受力可能会造成折断或损坏），携带和托运时要格外留意，勿受重压。

脚管和中轴的固定方式对稳定性也有影响，挑选的时候可以将中轴升至最高，用手摇晃感受一下，以考察其稳固程度。

在确定了材质、结构之后，还要仔细观察制造的细节，确保万无一失。在漫漫的摄影长路上，三脚架将是长期伴随摄影师的忠实伙伴，不要让劣质三脚架破坏了拍摄。在能力允许的范围内，应尽可能选择优质的名牌三脚架（如捷信、曼富图、金钟、英拓、百诺等）。

10.1.3 推荐配置

■ 意大利曼富图 055CX 碳纤维三脚架 +808RC4 云台

055CX 系列采用最新碳纤维生产技术，制成的 100% 纯碳纤圆形脚管，使脚架自重更轻，提高了稳定性及耐用度。采用曼富图专利的 Q90° 快速中轴系统，无须拆卸中轴即可以迅速使中轴由垂直转换到水平横置位置。最新 055CX 系列在锁定方式、扳扣、镁合金一体铸造上经过重新设计，减轻了自重，改良了人体工学设计，功能性也得以改善，产品外观更具吸引力且操作更方便，8kg 承重可以令专业级别的数码单反相机与镜头得到稳固的承托。此系列共有 3 个不同的版本选择：055CX 以及 3 节和 4 节的专业版 055CXPRO。

808RC4 云台在保留了深受摄影者喜爱的特色基础上又增加了新的功能，在前后俯仰和左右翻滚方向上添加了两个平衡弹簧，可使摄影者更方便地操纵重型设备。如若需要对云台进行常规操作，可将这两个弹簧关闭。云台采用了铝合金材质，虽然轻便小巧，但可支撑高达 8kg 的重量。标准快装系统用于容纳更大的相机平台，该系统还同时搭配了双轴气泡水平仪以实现水平拍摄。

055CX 碳纤维三脚架

工作高度（拉起中轴）：1 770mm

工作高度：1 360mm

最短高度：65mm

收起长度：615mm

节数：3节

自重（kg）：1.78

最大承重（kg）：8

808RC4三向云台

云台高度：156mm

自重（kg）：1.39

最大承重（kg）：8

■ 捷信 GK2580QR 套装（GT2541 三脚架 +GH2780QR 云台）

捷信是极负盛名的顶级三脚架品牌，从材质、设计到制造工艺都非常杰出，这些都为专业器材提供了强有力的支持。GT 2541 脚架采用最新的 6X 碳纤维 1mm 高密度脚管，比以往 1.5mm 脚管轻 30%。由于采用 6 层交叉结构，其刚度和减震性能超强。新款 G2380 云台采用 SA-DL"弹簧辅助双锁系统"，并配合特氟龙处理的球头，确保极强的锁力和超顺滑精确的角度调校。

捷信 GT2541 三脚架
最高工作高度：750mm
最低工作高度：170mm
节数：4
最大承重（kg）：12
收起长度：610mm
自重（kg）：1.49

GH2780QR云台
最高工作高度： 110mm
角度调节：摇摆360°、仰俯+90°/-18°
自重（kg）：0.5
最大承重（kg）：14

■ 百诺 C2692TB1 旅游天使 2 代系列

该款旅游天使 2 代系列产品套装由 C2692T（三脚架）+B1（球型云台）组成，是全新设计的升级产品，延续了该系列稳定的产品性能及轻巧的设计结构，而且在产品细节上有所提升。脚管采用 2 段角度开合的纯机械结构，方便实用而且十分稳定。三角座采用高强度镁合金材质，相比铝合金减轻了 30% 的重量，在减震性上也更胜一筹。除了常规拍摄角度以外，可以将中轴进行倒置以实现超低角度拍摄。B1 云台功能丰富，最下部的角度锁紧旋钮控制着云台的旋转功能，接座的凹槽处标有尺度，可以方便地进行接片操作。

百诺 C2692TB1
材质：碳纤维
节数：5
最大高度：1 630mm
折叠高度：1 400mm
自重（kg）：1.75
承重（kg）：12

■ 英拓 CT114 碳纤维三脚架

英拓 8X 碳纤维 CT 系列的特点是高强度、高稳定性，使用 8 层碳纤维制造的脚架脚管比普通的碳纤维材料强度高 60%。昂贵且加工难度极高的碳纤维材料可以兼顾高强度与轻便性，是远行拍摄的好搭档。

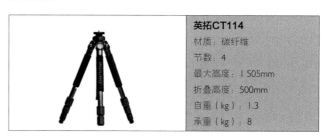

英拓CT114
材质：碳纤维
节数：4
最大高度：1 505mm
折叠高度：500mm
自重（kg）：1.3
承重（kg）：8

光圈 f/11，快门速度 1/400s，焦距 90mm，感光 ISO400

使用微距镜头拍摄花蕊的细节 由于放大倍率较高，使用三脚架可以确保图像清晰，细节分明

10.2 摄影包

作为SONY α7R III 的用户，选择一款专业的摄影包存放、保护并携带相机是非常必要的。市场上的摄影包种类繁多，特点各异，初看上去令人眼花缭乱，无所适从。在选择时，应根据自己主要拍摄的题材和设备配置情况有针对性地进行挑选，重点考虑耐用性、容积、防护性、防水防尘性能以及背负系统。

■ 耐用性

耐用性取决于摄影包面料的牢固度，高密度防撕防水尼龙材质在这方面的表现更优秀一些，胜过普通的帆布材质。

■ 容积与结构

如果摄影师配置了从广角到长焦的多支镜头以应对不同场景，再加上机身和其他附件，摄影包必须有足够的容积才能装下整套器材。另外，容积足够的前提下，还要注意其内部间隔是否可以灵活组合与调整，以最大限度发挥其承载性能。

■ 防护能力

摄影包的防护能力要从两个方面考虑。一是摄影包自身的结构与材料，较硬质的摄影包支撑性好，对包内物品可以起到一定的保护作用。二是内部衬垫及间隔部件的厚度，衬垫层厚，则防护性能高，但是会减少摄影包的容积并加大自重。

■ 防水防尘

无论是尼龙材质还是帆布材质，都有一定的防水性能，可以应付小雨，但是尼龙面料由于本身材料的特点，防雨雪性能更好。不过当雨雪较大时，为保险起见，必须使用防雨罩。大多数摄影包本身设计就包含防雨罩，如果没有，就需要另外购买。防雨罩的防水性能很强，但是使用中仍要注意防止雨水从背带、肩带等部位渗入。

摄影包的防尘性能主要取决于摄影包的结构，拉链密封比仅使用搭扣的包防尘性能要强得多。拥有全天候或类似标识的摄影包在防水防尘方面性能突出。

■ 背负系统

摄影器材有一个特点，性能越强，重量越大，特别是专业级的器材，机身镜头采用大量金属材质，固然牢固无比，但是重量也颇让人吃不消。好的背包通常都拥有一个设计优秀的背负系统（主要针对双肩背包而言），从款式、材质到结构，都充分考虑到人体工程学原理，不仅将负重均匀分散，还考虑到使用者的舒适度。一个好摄影包会减轻旅途中的很多负担。

摄影包从背负类型上可以分为双肩包和单肩包。双肩背类型的摄影包容积普遍较大，而且内部间隔调整灵活，防护完善，摄影包本体强度较高，对器材可以起到很好的保护作用。设计优秀的背负系统还可以减轻长途跋涉的负担。双肩背摄影包的缺点是取放器材比较烦琐，不便于抓拍。另外，特别需要注意的是，由于其结构特点，在每次背上摄影包之前一定要将器材归纳入位并拉好拉链，以免器材掉落。

单肩包通常体型较小，机动性强，便于取放器材，但是防护性较弱。喜欢在街头抓拍的摄影师通常会选择单肩背负的摄影包。

■ 扩展性

有些摄影包设计巧妙，通过附件可以实现单肩或双肩的转换，使用灵活。此外，丰富的外挂附件（如腰带、背带、镜头包、附件包等）组合也让摄影包的实用性得到很大提高。三脚架的携带能力是值得重点考虑的扩展性能之一，尽管三脚架大多有单独的脚架包，但是携带不便，使用也不够快捷。很多摄影包设计有三脚架外挂系统，有的是挂在背包侧面，有的外挂于后侧正中，还有的干脆将脚架横置于背包底部。几种形式各有优缺点，摄影者可以根据自己的习惯进行选择。需要注意的是三脚架的尺寸，过大过长会妨碍背包的正常携带和使用。

10.3 滤镜之选

滤镜是镜头的重要附件,除了起保护作用外,还能滤除光线中的特定波长或阻挡部分光线,改变曝光量,得到特殊的画面效果。滤镜的光学品质对相机的成像有着不可忽视的影响。滤镜大多由玻璃材料制成,高级别的产品不仅使用光学玻璃制造,还施以特殊的镀膜处理,尽量减少对光学成像品质的负面影响。

10.3.1 保护镜

高品质的摄影镜头价格昂贵,且镜片表面覆有多层镀膜,脆弱易损,因此有必要配置专门的保护镜以起到缓冲和保护作用,避免尘土或水汽进入镜头造成污损,在受到意外磕碰时更能起到物理防护的作用。

UV 镜是最常用的保护镜之一,在保护镜头的同时还起到滤除光线中紫外线的作用。为了尽量不影响到镜头的成像品质,应选择优质的多层镀膜 UV 镜,如德国的B+W、施耐德,日本的肯高(KENKO)、保谷(HOYA)等。

光圈 f/16,快门速度 1/320s,焦距 80mm,感光度 ISO100

晴天的日光中含有大量紫外线成分,使用 UV 镜不仅可以保护镜头,还可以滤除光线中的紫外线成分,使照片的色彩还原更准确

光圈 f/8，快门速度 1/500s，焦距 16mm，感光度 ISO100

通过偏振镜的作用，天空的蓝色显现得更加深邃纯净

10.3.2　偏振镜

偏振镜借助的是偏振光的原理，在风光摄影中其最大的功能就是可以将天空变得更"蓝"。偏振镜还可以滤除水面、叶片等物体的部分杂乱反射光，令颜色还原更加真实，色彩饱和度更高。由于其外层偏振镜片需要做成可旋转的结构，因此有些偏振镜做得比较厚，当配合超广角镜头时会造成暗角，所以如果需要放在超广角镜头上使用，摄影者需要购买超薄型的偏振镜。

滤色镜是拍摄风光必备的摄影附件。给图库拍片包含大量的城市风光和自然风光题材，所以拍风光时常用的偏振镜、中灰滤色镜和渐变滤色镜也是图库摄影师必备的附件。

利用偏振镜可以有选择地让某个方向振动的光线通过，常用来减弱或消除水面及非金属表面的强反光，减轻或消除光斑。偏振镜还可以压暗蓝天的亮度和色调，起到提高色彩饱和度的作用。偏振镜的结构是薄薄的偏振材料夹在两片圆形玻璃片之间，前部可以旋转以改变偏振的角度，控制通过镜头的偏振光数量。旋转偏振镜时，从取景器或实时取景的液晶监视器可以观察到反光和色彩强度的变化，效果达到最佳时停止旋转即可进行拍摄。

光圈 f/4.5，快门速度 1/60s，焦距 50mm，感光度 ISO200，曝光补偿 +0.3EV

正面拍摄有玻璃的场景，需要特别留意反光问题。使用偏振镜通过细心的调整，可以避免摄影师的身影映入画面

10.3.3 渐变镜

拍摄风光时（特别是日出日落的景观），经常会遇到天空和地面光比过大的情形。由于最暗与最亮处对比极大，很可能超出数码相机的宽容度范围，拍摄时很难做到整个画面所有位置都能得到适度的曝光，导致最终拍摄的照片上损失层次和细节。

这种情况下，可以使用胶片时代风光摄影师必备的渐变滤镜来应对。渐变镜有很多颜色可选，通常选择使用中灰渐变滤镜，利用它来压暗较亮的天空部分。滤镜亮暗部分的过渡是逐渐变化的，因此不会在照片上留下明显的遮挡痕迹。

中灰渐变镜分为圆形和方形两种，圆形可以直接装在镜头上，而方形则需要通过一个特别设计的框架结构安装到镜头上。圆形中灰渐变镜的亮暗分界线在中央，构图受一定限制。方形中灰渐变镜可以随意调整位置，使用灵活度更高。

光圈 f/7.1，快门速度 1/160s，焦距 22mm，感光度 ISO100

使用中灰渐变镜压暗天空部分，让画面整体亮度更加均匀

光圈 f/11，快门速度 10s，焦距 16mm，感光度 ISO100

通过 ND 中灰镜，将曝光延长到 10s，流动的云雾形态完全改变，如丝绸般展开

10.3.4　中灰镜

　　中灰镜又称中灰密度镜，简称 ND，由灰色透明的光学玻璃制成。中灰镜对光线起到部分阻挡的作用，通过降低通过镜头的光量来影响曝光。ND 镜对各种不同波长的光线的减少能力是均匀的、同等的，对原物体的颜色不会产生任何影响，可以真实再现景物的反差，无论彩色摄影或黑白摄影都同样适用。

　　根据阻挡光线能力的不同，中灰密度镜有多种密度可供选择，如 ND2、ND4、ND8，对曝光组合的影响分别为延长 1 挡、2 挡、3 挡快门速度。多片中灰镜可以组合使用，不过需要注意的是，由于其位置在光路上，中灰镜对成像品质会有一定影响，多片组合就更为显著，如非必要，不建议这样使用。

　　有了中灰镜的辅助，在光线较强的时候也可以使用大光圈或慢速快门，丰富了表现手法，可以做到更精准的景深控制。

10.4 常用附件

光圈 f/4.5，
快门速度 1/320s，
焦距 105mm，
感光度 ISO320

电池匣 / 竖拍手
柄可以提高竖
幅构图时的操
控性，便于捕捉
人像外拍的精
彩瞬间

■ 竖拍手柄/电池盒

　　对于大多数摄影者而言，竖拍手柄并非必备的配件。但是如果以拍摄人像题材为主，或是需要长时间续航的机动拍摄，那么购置与 α7 系列配套的 VG-C1EM 竖拍手柄 / 电池盒会是一项明智的选择。

　　VG-C1EM 竖拍手柄 / 电池盒可以为 SONY α7R Ⅲ 提供充沛的电力供应，大幅延长了续航时间，并拥有独立的快门释放按钮、电源开关、前 / 后转盘、AEL 按钮和自定义键等操控部件，竖拍手柄不仅提高了相机的握持性，更便于使用垂直构图拍摄。

■ 存储卡

　　高速、高可靠性、大容量的存储卡是高效成功拍摄的基础。SONY α7R Ⅲ 高像素的特性对存储卡也提出了更高的要求。存储卡插槽兼容双 SD 卡。其中一个兼容 UHS-II。

■ 遥控器

　　在使用三脚架拍摄时，如果配合使用遥控器，可以避免摄影师用手按动快门按钮时造成的相机轻微震动和位移，可以得到更为清晰的图像。

　　SONY α7R Ⅲ 适配的无线遥控器包括 RMT-VP1K、RMT-DSLR2。利用遥控器上的 SHUTTER 快门按钮、2SEC 按钮（2s 后释放快门）可以进行遥控拍摄。

小提示

镜头或遮光罩可能会遮挡遥控器的接收部分，影响信号接收。因此应从不遮挡接收部分的位置进行操作。

10.5 使用保养常识

数码相机是高精密的电子产品，内部有大量高度集成的电子元件，同时还有很多光学器件，因此正确的使用、定期的维护保养以及良好的收藏环境，有助于保证相机正常的工作状态并延长其使用寿命。

10.5.1 使用与保管

■ 良好的使用习惯

(1) 拍照完毕及时将相机放入摄影包并扣好锁扣（拉链）。

(2) 相机和镜头放置在包中不要直接接触摩擦。

(3) 贵重镜头应安装保护滤镜。

(4) 不拍摄的时候盖好镜头盖。

(5) 潮湿多尘的环境下需要拍摄时，可以将相机套上塑料袋，只露出镜头。

(6) 外拍归来要对相机和镜头进行全面的清洁，然后妥善存放。

■ 防水/防潮/防磁/防震

潮湿是数码相机的大忌，和其他电子产品一样，进水会导致数码相机的电路部分短路，功能失灵。尽管很多相机有防水溅（水滴）的设计，但使用时，还是应避免相机直接暴露在雨中。如果不慎淋到雨水，要尽快关机取出电池，并将机身擦干，静置在干燥的室内，待水分完全蒸发后再进行下一次拍摄。

防止出现结露也很重要。从寒冷的室外进入温暖、潮湿的环境中（如室内、地下溶洞等），由于相机、镜头的温度非常低，遇到潮湿的空气会使空气中的水汽凝结在相机、镜头的内外，影响拍摄效果甚至缩短机器寿命。碰到这种情况不要急于将相机从摄影包拿出，等几个小时，估计相机和镜头的温度与室温接近时再拿出来，就不会出现结露现象。

对于出现结露现象的相机和镜头，可以用超微纤维清洁布擦拭表面的水汽，但切勿拆卸镜头，以免水汽进入相机和镜头的内部。然后将相机放置在干燥环境中让水分慢慢挥发即可。

此外，相机要远离强磁场，避免强烈的震动，这也是所有精密电子设备的共性。如果经常外出拍摄，一个结实、牢固且具有防水性能的摄影包是必备的。

■ 防止霉菌

不使用时，相机应当存放在干燥的环境中，或是使用干燥箱等辅助设备。不要将相机在摄影包中长期存放，即使是相对干燥的北方，夏季的时候空气湿度也会突破90%。根据相关机构的研究，温度在10℃以上或湿度在60%RH以上便会滋生霉菌。

专业的干燥箱是最好的储存设备，它通过电子自动防潮系统使箱内保持恒定的湿度（湿度过低也不利于相机和镜头的保存），适合用来存放价格昂贵的专业器材与镜头。缺点是价格昂贵，而且体积较大。

对于大多数非专业摄影者，超市中随处可以买到的塑料整理箱＋干燥剂（袋装）或吸水硅胶（蓝色颗粒，吸收水分后变为红色）也可以达到类似的效果，价格则低廉了许多。

■ 温度的影响

低温状况下，电池的续航能力会大大降低，不止会使拍摄照片的张数降低，闪光灯的闪光次数也会减少。低温对液晶屏的影响也不可忽视，温度过低时液晶分子的状态会受到影响而导致屏显异常。如果需要在低温环境下拍摄，可以使用专用的相机保温套将相机包裹起来。备用电池可以贴身存放以保证电量，这样拍摄起来就没有后顾之忧了。

相比起来，酷暑天气对相机的不利因素少一些，只要注意避免长时间在强烈的阳光下直晒，正常的拍摄就不会受到影响。数码相机成像的核心元件（CD）CMOS对光线有特别的敏感特性，高强度的光线会灼伤感光元件。如果需要拍摄类似的场景，应使用适当的滤镜来减弱光线。此外，机身如果长时间置于强光或高温之下，会导致机身塑胶部分褪色或变形，进而影响机器的性能与寿命。

■ 防止静电

北方的天气干燥，特别是冬天供暖季节的室内，非常容易产生静电。一般来说，静电不会对相机造成直接损害，但在装取存储卡的时候应特别留意，以免静电造成文件损坏或丢失。此外，静电会造成灰尘吸附，建议将液晶屏贴膜保护。如果取景器等部位吸附了灰尘，可以用棉棒蘸专用的清洁液进行清理。

10.5.2 维护与清洁

数码微单相机属于精密电子设备，掌握正确的维护方法和清洁措施对于其性能的正常发挥有至关重要的作用。购置一些常用的清洁用具会让清洁工作得心应手，事半功倍。操作时应当将相机和镜头放置在清洁的工作台上，动作小心谨慎，以免不慎造成损坏。

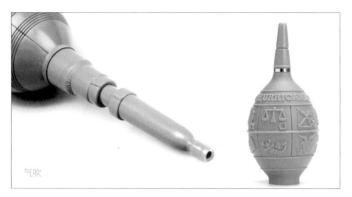

气吹

清洁毛刷

机身清洁布

液晶屏幕清洁剂

■ 需要配备的工具

强力气吹：相机清洁的基础工具，利用人手压缩造成空气快速流动驱走灰尘。高质量的气吹采用优质橡胶制成，气嘴采用特殊设计，使用起来手感柔软，出气力度强，清洁效果好。

在进行其他清洁工作之前，用气吹将相机和镜头外部彻底吹上一遍是非常必要的，可以去除浮尘和微小的颗粒。之后再进行擦拭等进一步的清理。

小刷子（或干净的废牙刷）：相机的机身有很多折角与缝隙，很容易藏污纳垢，这时就需要小刷子的帮助。镜头调焦环与变焦环为增大摩擦力便于操作，往往设计有很多凹凸条纹，这里也需要用刷子清洁。

棉花棒：清洁的医用棉棒能擦拭到手指无法触及的部位，也可以蘸取专用的清洁液清理液晶屏幕、取景器镜片等。

超微纤维布（镜头布）：也叫超细纤维布，比较知名的是 3M 的魔布，我们身边常见的眼镜布有很多都是类似的材质。可以用来擦拭机身、液晶屏以及镜头的镜片、滤镜。可以多次使用，脏了可以水洗。需要注意的是，擦拭机身或镜头前应先用气吹吹掉表面的浮尘，如果擦拭镜片或滤镜，要使用全新或彻底清洁过的软布。

镜头清洁布（纸）

■ 机身与镜头的外部清洁

数码相机的按钮和转盘是操作相机时一定要接触的部位，也是灰尘、油渍等容易侵袭的薄弱环节。应定期对操作按钮、旋钮和转盘进行清洁，以免灰尘、油渍日久粘附，难以去除，造成操作不便。

清洁过程是先用气吹吹去浮尘，再用超微纤维布擦拭平滑的表面，然后用小刷子或棉棒对按钮、旋钮的边缘进行清洁。必要的时候可以使用少量的专用清洁液。清洁液切勿过多，一旦顺着按钮和转盘的边缘流入相机内部就会出现隐患或故障。

除了定期的清洁之外，如果曾经在风沙、灰尘、烟雾、雨雪、海边等恶劣的环境中拍摄，那么每次拍摄完毕都必须尽快清洁相机，使其免受损害。

此外，机身与镜头和闪光灯之间通过金属触点进行信号传递，保证这些触点良好导通才能正常发挥各项功能。清洁金属触点可以使用棉棒或纤维布。

■ 液晶屏

液晶显示屏是数码相机的重要部件，由防眩光涂层、滤光板、偏光板、彩色滤光片、配向膜、液晶、薄膜电晶体、背灯管、背光模组、反光板等多个元件组成，精密且相对脆弱，需要特别的呵护，不要与硬物或尖锐物体直接接触，使用和携带时要避免液晶屏受压。

在日常使用中，不要让液晶屏长期处于潮湿、有挥发性化学品、过热或过冷的环境中，以免液晶颗粒的性质发生变化导致显示异常。为避免灰尘将液晶屏划伤，清洁时也应遵循吹、刷、擦的操作。液晶屏可以用潮湿的超微纤维布轻轻擦拭。如果遇到顽固污渍，不要使用无水酒精或其他有机溶剂，应选择专用的清洁液或湿巾。

■ 影像传感器

没有经验的新手或是非专业人士自行清理影像传感器有一定的风险。SONY α 7R Ⅲ 设计有自动除尘功能，基本上可以解决日常使用可能遇到的各种状况。如果影像感应器沾染了较大颗粒的灰尘以致对画质造成影响，建议拿去厂家的售后部门接受专业人士的帮助。

■ 镜头清洁技巧

在清洁镜头时，同样要遵循吹、刷、擦的操作顺序——先用气吹或压缩空气清洁罐将大的灰尘吹离镜片，再用毛刷刷去小的尘埃，最后用清洁的镜头布蘸取专用的镜头清洁液（市场上的各种镜头水品质差别极大，选择名牌产品会比较放心），按照螺旋向外的顺序擦拭镜片。擦拭完毕后，镜片上应不留任何痕迹。

为保护镜头，建议使用高品质的保护滤镜，既不会影响画质，又可以起到极好的保护作用，这样只需要清洁滤镜表面就可以了。优质的滤色镜与镜头的镜片一样，也是由高质量的光学玻璃和复合的镀膜工艺生产，因此要采用与镜头相同的方法进行清洁，才能保证其不受损害。

■ 谨防存储卡损毁

存储卡是存放拍摄数据的仓库，万一损坏，所有的劳动成果将毁于一旦，其重要性不可忽视。插拔存储卡要小心，勿暴力操作导致外壳损坏。存储卡上的金属电子触点负责数据的传输，使用中要保持清洁，防止污渍黏附或氧化。

数码相机正向存储卡写入或读取操作时不能取出存储卡（此时相机的存储指示灯会闪烁），否则会损坏文件信息甚至损坏存储卡。

备用的存储卡应存放在专用卡盒或卡套中，防止物理损坏。

■ 正确使用电池

日常使用要注意电池正负电极的清洁，脏污或氧化都会造成接触电阻增大，影响数码相机的正常使用与充电。存储、携带备用电池时应将电极保护盖盖好，防止意外短路。充电操作时一定要使用随机充电器或厂家认可的正规充电器。

第11章

摄影是一门艺术，只有数码单反机器和熟练的操作技术是远远不够的，要让照片好看起来，必须掌握构图、光影及色彩等方面的美学知识。实际上，经过一段时间的学习之后，不同摄影师创作出的作品，成败主要体现在构图、用光及色彩的差别上。

照片好看的秘密：
构图 · 用光 · 色彩

光圈 f/9，快门速度 1/80s，焦距 200mm，感光度 ISO200，曝光补偿 +0.3EV

11.1 影响照片表现力的三大关键点

11.1.1 透视

在介绍点、线、面等构图元素的组合和布局之前，首先应理解透视的概念。

■ 几何与影调透视

透视的概念来源于西方古典绘画，这与中国传统绘画中的布局有异曲同工之妙。透视是指将实际的景物投射到一个假想的平面上，这个假想的平面有可能是一块画布，也有可能是相机的底片。

将实物的大小、距离等按比例缩小到一块很小的画布上，如果画布上的景物投影表现出了实际景物的大小比例，那这种投影就符合人眼的视觉规律，即符合透视规律。按照透视理论，我们看实际景物时，近处一棵树的投影比例大于极远处的山体，如果投影的画面上山体大于树木，就表明投影不符合透视规律。

透视感较强的照片，远近距离感较强

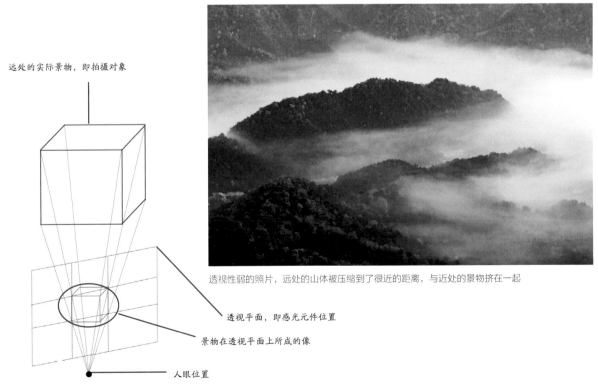

透视性弱的照片，远处的山体被压缩到了很近的距离，与近处的景物挤在一起

远处的实际景物，即拍摄对象

透视平面，即感光元件位置

景物在透视平面上所成的像

人眼位置

符合透视规律的摄影作品看起来非常自然、舒服，但也可能感觉平淡；不符合透视规律的作品，看起来可能会得到更强的视觉冲击力，但也有可能会让人感到烦躁、难受，因为它打破了人眼的传统视觉习惯。

在摄影领域，是否能够拍摄出景物的真实透视规律，这要根据摄影器材的不同而定，后面会进行详细介绍。

光圈 f/22，快门速度 1.6s，焦距 70mm，感光度 ISO50

照片中近处的石头与远处的石头本身的大小是差不多的，但投射到照片中，可以看到，近处的石头明显偏大，而远处的偏小，这就符合人眼的视觉习惯。假想一下，不通过相机，直接用肉眼看这个场景，也会得到近大远小的视觉效果。如果照片中近处的石头与远处的石头大小一样，就不符合人眼的视觉规律，那么照片就不符合透视规律

上面介绍的近大远小是一种景物几何形体的变化规律，而在实际的摄影过程中，还会涉及一种不同的透视——影调透视。

光圈 f/9，快门速度 1/320s，焦距 14mm，感光度 ISO100，曝光补偿 –0.3EV

这张照片，前景中的花是非常清晰的，而远处的景色是有些朦胧的，仿佛蒙上了一层薄雾。但实际拍摄时，空气是非常通透的，可表现在画面中，就变成了近处清晰、远处模糊，这是为什么呢？其实，这与人眼视物的规律也是相同的

光圈 f/7.1，快门速度 1/200s，焦距 200mm，感光度 ISO400，曝光补偿 –0.3EV

这张照片的影调透视同样非常明显，近处的拍摄对象非常清晰，远处笼罩在雾中

　　人们看到一个大场景的画面，总是看到近处的景物清晰，而远处则稍显朦胧，这种朦胧不是镜头的虚化带来的，而是切切实实的一种影调的变化，这也是透视规律的一种体现，称为影调透视。

　　在风格摄影中，如果影调透视非常自然，那么最终呈现的照片线条透视优美，空间感很强，画面显得非常悠远，意境盎然；如果远处的景物与近处的景物一样，都呈现得非常清晰，那么照片看起来就会不够真实。需要注意的是，在拍摄照片时，尤其是拍摄大场景的风光照片时，对极远处进行对焦，就有可能得到不符合影调透视规律的照片，这种照片给人的感觉是非常不自然的。

　　以上介绍了两种透视规律，分别是几何透视和影调透视，在具体的拍摄中，如果没有特别的思路，还是应该让自己的摄影作品符合这两条透视规律，使作品的表现力更强。

■ 不同焦段的透视规律

符合透视规律的照片，画面看起来更加自然；不符合透视规律的照片，有可能视觉冲击力更强，但也有可能给人难受的感觉，也就是说构图失败。那么在摄影构图中，究竟是什么因素在影响构图的透视呢？答案很简单，就是镜头的焦段不同。

光圈 f/9，快门速度 1/40s，焦距 17mm，感光度 ISO100

这张照片的视角很大，容纳了很多景物，但实际上，距离摄影者很近的景物在照片中看起来非常遥远，如远处的树木，而且，照片中近处的草地与远处的树木相比明显偏大，这种大小的比例已经超过了人用肉眼观察的视觉比例，也就是说，它的透视已经超过了人眼的透视，这是因为在拍摄时使用了广角镜头，即镜头焦距小于 50mm。也可以这样说，广角镜头的透视性能是超过人眼的，它不但有更大的视角，还有更强的透视性能，能够夸大近处的景物，缩小远处的景物，给画面营造更强的距离感和空间感。拍摄风光画面时，使用广角镜头，能够强化距离感和空间感，让画面表现出更悠远的感觉

光圈 f/11，快门速度 13s，焦距 16mm，感光度 ISO100，曝光补偿 −0.3EV

这张照片是使用 16mm 的焦距拍摄的，它更强地夸大了近处的景物，缩小了远处的景物，给人一种非常强烈的距离感和空间感，这也是超广角镜头带来的真实画面感觉。换一句话说，镜头的焦距越短，透视感越强，画面表现出的透视也就越强。有些超广角镜头在画面的边角甚至已经拉出了很强的畸变，这也是它透视性过强的一种体现

光圈 f/2.8，快门速度 1/50s，焦距 48mm，感光度 ISO640，曝光补偿 −0.7EV

这张照片使用 50mm 镜头拍摄，给人的感觉非常自然，因为 50mm 焦距镜头拍摄的照片效果与人用肉眼观察画面的效果相近，其视角、透视性能都相差不大，因此画面看起来非常自然。总结起来，可以说，50mm 焦段左右的标准焦距比较适合拍摄人物等题材，它比较符合人眼直接观看时对于审美的一些标准，用镜头表现出来就不会有很强的失真。需要注意的是，我们所说的 50mm 镜头是安装在全画幅相机上的，如果是安装在 APS 画幅相机上，那么 35mm 的镜头才会呈现这样的视角和透视规律

　　长焦镜头是指焦段在 50mm 以上的镜头，如果焦距超过 150mm 或更长，那可以将这种镜头称为望远镜头，相应的焦段称为望远焦段，也称超长焦。这类焦段的特点是可以将非常远的物体拉近，在拍摄时，极远处即便是非常小的景物或对象，也可以在画面中进行放大，这在拍摄体育、生态、花卉类照片时非常有效。

光圈 f/4，快门速度 1/1 600s，焦距 200mm，感光度 ISO100

远处的水禽被轻松地拉到镜头中，并且十分清晰，背景也得到了虚化，这就是长焦镜头在拍摄时的特点。同样，从透视的角度来看，远处的水面距离也被压缩了，几乎被压缩成背景的平面，而实际上它是一个水平平面，也就是说，长焦镜头的透视感是很弱的。另外，可以看到，长焦镜头的视角是比较小的，只能呈现出拍摄对象两侧很小的空间

光圈 f/13，快门速度 1/8s，焦距 250mm，感光度 ISO200，曝光补偿 +1EV

这张照片，利用 250mm 超长镜头将远处的山体拉近，压缩了远处山体与近处山体之间的距离，让山体的线条非常紧凑地分布在一个平面中，表现出一种韵律的美感，这也是利用了长焦镜头透视感较弱，能够将远处的景物拉近的特点。当然要拍摄这种画面，要从高处向下拍摄，避免近处的山体遮挡住远处的山体。从照片中可以看到，近处山体的大小和远处山体的大小差异已经不是特别明显了，这便是不符合透视规律的一种体现，这种体现是长焦距带来的

11.1.2 影调

摄影中的影调，其实就是指画面的明暗层次。这种明暗层次的变化，是由景物之间不同的受光、景物自身的明暗与色彩变化所带来的。如果说构图是摄影成败的基础，那影调则具有让照片好看的力量。

由于影调亮暗和反差的不同，一幅照片画面可以分为亮调、暗调和中间调。或者可以根据光线强度及反差的不同，将照片画面分为硬调、软调和中间调等。

光圈 f/7.1，快门速度 1/20s，焦距 22mm，感光度 ISO100

仅从构图的角度来讲，画面没有太亮眼的地方，但从暗到亮丰富的影调层次和色彩变化，让照片的形式美感增强了很多，能够一下抓住观者的注意力，给人美的享受

光圈 f/8，快门速度 1/160s，焦距 20mm，感光度 ISO320

这张照片的内容其实很简单，亮点也在于画面影调层次的变化。通过曝光的控制，强化了一抹亮光，这样画面就漂亮了起来

光圈 f/6.3，快门速度 1/125s，焦距 29mm，感光度 ISO100，曝光补偿 −1EV

拍摄风光题材，一早一晚太阳将近落山时，不单色彩漂亮，且因为与地面夹角很小，很容易让景物呈现出明和暗的影调层次对比，非常漂亮。还有一个关键点，早晚时分太阳光线的强度不高，有利于曝光控制，不会让照片中产生高光溢出和暗部黑掉的问题，利于呈现画面丰富的细节

光圈 f/7.1，快门速度 1/180s，焦距 35mm，感光度 ISO320，曝光补偿 −2.3EV

没有直射光线的场景当中，要表现出风光画面的优美，也需要摄影师对影调层次进行控制。这张照片当中，飞起的白色鸟群不单是作为视觉中心让观者的视线有了落脚点，还作为高光部分丰富了照片的影调层次，这样照片才真正好看起来。可以设想一下，如果这是一群深色的鸟，那画面的观感又会如何

11.1.3 质感

■ 控制质感

质感是指物品的材质、纹理等带给人的视觉和心理感受。如果拍摄对象表面的纹理、材质与色彩感非常清晰明确，给观者很直接的视觉印象，仿佛触手可及一般，这样的作品通常被认为质感较好，反之则差一些。

摄影领域，照片画质、镜头焦距、拍摄物距、现场光线情况等都会影响到作品的质感。画面质感的表现并不一定必须使用最佳光圈，只要对焦清晰，光影得当，即使使用小光圈，并将景物拉近，也能表现出较好的质感，从这个角度来看，对焦和光影对质感的影响更大。

光圈 f/4，快门速度 1/8 000s，焦距 105mm，感光度 ISO800，曝光补偿 -0.7EV

利用微距镜头还有超近的对焦距离，能够将拍摄对象在照片中放大，呈现出拍摄对象表面的纹理和细节，从而塑造拍摄对象的表面质感

光圈 f/7.1，快门速度 1/1 250s，焦距 70mm，感光度 ISO400

利用长焦镜头将拍摄对象拉近，让拍摄对象表面的纹理和细节呈现得细腻、丰富

光圈 f/13，快门速度 1/1 000s，焦距 16mm，感光度 ISO320

广角镜头虽然不利于强化景物的质感，但因为距离前景比较近，并利用小光圈让近景变得比较清晰，可以看到，画面中近景的城墙也呈现出很好的质感

■ 光影的质感

仔细观察质感表现好的摄影作品，可以发现景物的影调控制都较为出色，明暗相间，疏密得当。这种光影效果多需要硬调光来表现，斜射或是侧射的直射光可以使景物表面凹凸的纹理拉出一定的阴影，阴影越多时纹理效果越明显，质感也就越强烈。但过硬的直射光不适合表现景物质感，因为强光会使受光的一面变为全高亮状态，可能会有高光细节溢出的问题，并且无法表现出色彩的感觉。强光时的光线夹角一般较大，阴影很短，这样也不利于表现景物表面纹理。

光圈 f/4，快门速度 1/1 250s，焦距 300mm，感光度 ISO200

长焦镜头将人物拉近，而斜射的光线由于夹角较小，使人物皮肤表面的绒毛及纹理拉出了一些阴影，从而画面质感强烈

即使是用软调光表现景物表面的纹理效果，也应该是方向性很强的软光，这样才能拉出纹理的阴影。使用软调光表现质感还有一个好处就是可以将画面拍摄得非常柔和，给人一种舒适的感觉。

光圈 f/8，快门速度 1/12s，焦距 31mm，感光度 ISO100，曝光补偿 -0.3EV

这种与景物夹角较小的光线借助于阴影的力量，在拍摄对象表面产生丰富的明暗对比，很容易强化出表面纹理的质感

11.2　构图决定一切

11.2.1　黄金构图及其拓展

学习摄影构图，黄金分割构图法（以下称为黄金构图法则）是必须掌握的构图知识，因为黄金构图法则是摄影学中最为重要的构图法则，许多种其他构图都是由黄金构图演变或是简化而来的，而黄金构图法则又是由黄金分割点演化而来的。黄金分割据传是古希腊学者毕达哥拉斯发现的一条自然规律，即是说在一条直线上，将一个点置于黄金分割点上时给人的视觉感受最佳。详细的分割理论比较复杂，这里只对摄影构图中常用的实例进行讲解。

"黄金分割"公式可以从一个正方形来推导，将正方形的一条边分成二等分，取中点 x，以 x 为圆心，线段 xy1 为半径画圆，其与底边延长线的交点为 z 点，这样可将正方形延伸并连接为一个矩形，由图中可知 A：C=B：A=5：8。在摄影学中，35mm 胶片幅面的比率正好非常接近这种 5：8 的比率（24：36=5：7.5），因此在摄影学中可以比较完美地利用黄金分割法构图。

通过上述推导可得到一个被认为很完美的矩形，在这一矩形中，连接该矩形左上角和右下角对角线，然后从右上角向 y 点作一条线段交于对角线，这样就把矩形分成了三个不同的部分。将重点景物安排在这三个不同的区域，即为比较标准的黄金构图。

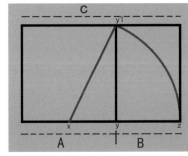

绘制经典黄金分割

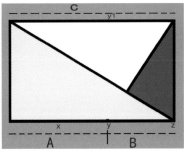

按黄金分割确定的三个区域

光圈 f/7.1，快门速度 1/800s，焦距 16mm，感光度 ISO100，曝光补偿 −0.7EV

能够使景物获得准确、经典的黄金排列，是非常不容易的

但在具体应用当中，以如此复杂的方式进行构图，太麻烦了，并且大多数景物的排列也不会如经典的黄金构图一样。其实在黄金构图的这个图形中，可以发现中间分割三个区域的点非常醒目，处于一个视觉的中心位置，如果拍摄对象位于这个点上，则很容易引人注目。在摄影学中，这个位置便被大家视为黄金构图点。

光圈 f/11，快门速度 1/200s，焦距 16mm，感光度 ISO100

画面中的拍摄对象位于黄金构图点上，非常醒目

11.2.2 万能三分法

在拍摄一般的风光时，地平线通常是非常自然的分界线，常见的分割方法有两种，一种是地平线位于画面上半部分，即天空与地面的比例是 1：2；另一种是地平线位于画面的下半部分，这样天空与地面比例就变成了 2：1。选择天空与地面的比例时，要先观察天空与地面上哪些景物最有表现力，一般情况下，天气不是很好时天空会比较乏味，这时应该将天空放在上面的 1/3 处。使用三分法构图时，可以根据色彩、明暗等的不同，将画面自然地分为三个层次，恰好适应了人的审美观念。过多的层次（超过三个层次，如四个及以上）会显得画面烦琐，也不符合人的视觉习惯，过少的层次又会使画面显得单调。

光圈 f/22，快门速度 8s，焦距 48mm，感光度 ISO50

地平线把画面分为三份，一些重要景物位于分界线上，这种三分法构图是非常简单、漂亮的构图形式

11.2.3 对比构图好在哪

对比是把主体各种形式要素间不同的形态数量等进行对照，可使其各自的特质更加明显、突出，对观者的视觉感受有较大的刺激，易于感官兴奋，收到醒目的效果。通俗地说，对比就是有效地运用异质、异形、异量等差异的对列。对比的形式是多种多样的，在实际拍摄当中，摄影师结合创作主题进行对比拍摄可以有非常精彩的表现。

■ 明暗对比构图

摄影画面是由光影构成的，因此影调的明暗对比显得尤为重要。使用明暗对比构图法时，需要掌握正确的曝光条件，通过相机进行曝光控制，通过表现主体、陪体、前景与背景的明暗度来强调主体的位置与重要性。使用明暗对比法时，画面中亮部区域与暗部区域的明暗对比很强烈，但又要保留部分暗部的细节，因此摄影者在对画面曝光时应慎重选择测光点的位置。

光圈 f/2.8，快门速度 1/50s，焦距 24mm，感光度 ISO1 600

利用较暗的背景与明亮的主体进行对比，既强调了主体的位置，又通过明暗对比营造出了一种强烈的视觉效果

光圈 f/8，快门速度 1/4 000s，焦距 70mm，感光度 ISO400，曝光补偿 −1EV

画面中近处的物体较大，与远处较小的物体形成大小对比，既符合人眼的视觉规律，又增加了画面的故事性

■ 远近对比法

远近对比法构图是指利用画面中主体、陪体、前景以及背景之间的距离感，来强调突出主体。多数情况下，主体会处于离镜头较近的位置，观者的视觉感受也是如此。由于需要突出距离感，而主体又需要清晰地表现出来，因此拍摄时焦距与光圈的控制比较重要，焦距过长会造成景深较浅的情况，光圈过大也是如此，并且在这两种状态下对焦时都很容易跑焦，如果主体模糊，画面就会失去远近对比的意义。

■ 大小对比法

摄影画面中，体积大小不同的物体放在一起会产生对比效果。大小对比构图是指在构图取景时特意选取大小不同的主体与陪体，形成对比关系，取景的关键是选择体积小于主体或视觉效果较弱的陪体。按照这一规律，长与短、高与低、宽与窄的对象都可以形成对比。

光圈 f/9.5，快门速度 1/125s，焦距 24mm，感光度 ISO200，曝光补偿 –0.5EV

相同的主体，利用它们之间的大小对比可以使画面更具观赏性

■ 虚实对比法

人们习惯把照片的整个画面拍得非常清晰，但是许多照片并不需要整个画面都清晰，而是让画面的主要部分清晰，让其余部分模糊。在摄影画面中，让模糊部分衬托清晰的部分，清晰部分会显得更加鲜明、更加突出。这就是虚实相间，以虚映实。

光圈 f/3.2，快门速度 1/250s，焦距 145mm，感光度 ISO160

虚实对比原理多用于让虚化的背景及陪体等来突出主体的地位

11.2.4　做减法的三种技巧

　　拍摄之前要对画面场景进行提炼，要滤除、虚化掉一些杂乱的细节，以突出画面的某些重点景物，这样画面才会显得有艺术气息。这其实证明了"构图是减法的艺术"这一说法。构图时通常要利用镜头效果、取景控制、光影及色彩特性，对画面元素进行取舍，滤除掉一些影响画面拍摄对象表现力的景物。比较常见的减法构图有两种形式。

光圈 f/8，快门速度 1/160s，焦距 70mm，感光度 ISO100，曝光补偿 −0.3EV

采用稍低的机位拍摄，这样可以让草地遮挡远景中较小的山体及房屋，让画面显得更简洁

　　阻挡减法：在取景时先进行观察与分析，然后调整拍摄角度，恰好使主体或前景来阻挡背景中细节过多或比较杂乱的部分，这样可以使得画面简洁，从而达到突出拍摄对象的效果。使用阻挡减法构图最重要的因素不在于摄影器材，而在于摄影者对拍摄画面的观察力。

光圈 f/3.2，快门速度 1/320s，焦距 200mm，感光度 ISO100

采用长焦镜头靠近拍摄，这样可以虚化掉对焦点之外的画面元素，让对焦所在位置的主体更为突出

　　景深减法：这是构图中使用频率最高的构图形式，即使是初级摄影者也很容易掌握这种技巧。是指通过调整长焦镜头的焦距、光圈大小、拍摄距离等因素来控制画面的景深，获得拍摄对象清晰、背景模糊的效果。景深减法构图的关键点在于背景的虚化效果，虚化程度越高，减法效果越明显。

11.2.5　常见的空间几何式构图

前面介绍了大量的构图理论与规律，可以帮助读者进一步掌握构图原理，拍摄出漂亮的照片。除此之外，使景物的排列按照一些字母或其他结构来组织的几何构图也比较常见，如常见的对角线构图、三角形构图、S 形构图等。这类构图形式符合人眼的视觉规律，并且能够额外传达出一定的信息。例如，三角形构图的照片除可表现拍摄对象的形象之外，还可以表达出一种稳固、稳定的心理暗示。

光圈 f/11，快门速度 1/320s，焦距 15mm，感光度 ISO400

W 形构图在拍摄山景时比较常见，这符合人的审美习惯，是比较讨巧的构图形式

光圈 f/16，快门速度 1/125s，焦距 200mm，感光度 ISO200

对角线走向的线条使画面富有动感的同时，又具有韵律美

光圈 f/4.5，快门速度 1/180s，焦距 43mm，感光度 ISO200

S 形构图能够为风光照片带来一种深度上的变化，让画面显得悠远有意境，且可以强化照片的立
体感和空间感

光圈 f/8，快门速度 1/2 000s，焦距 52mm，感光度 ISO100，曝光补偿 −2EV

二角形构图的形式比较多，有用于体现主体和陪体关系的连点三角形构图。也有主体形状为三角形的直接三角形构图，并且三角形的上下位置也有不同，正三角形构图是一种稳定的构图，如同三角形的特性一样，象征着稳定、均衡；而倒三角形则正好相反，刻意传达出不稳定、不均衡的意境，具体是正还是倒三角，要根据现场拍摄场景的具体情况来确定。例如山峰的形状为正三角形，就是一种稳定的象征

11.3 光影的魅力

11.3.1 光的属性与照片效果

■ 直射光摄影分析

直射光是一种比较明显的光源，照射到拍摄对象上会使其产生受光面和阴影部分，并且这两部分的明暗反差比较强烈。选择直射光进行摄影时，非常有利于表现景物的立体感，勾画景物形状、轮廓、体积等，并且能够使画面产生明显的影调层次。一般白天晴朗的天气里，自然光照明条件下，大多数拍摄画面中不是只有直射光照明，还会有各种反射、折射、散射的混合光线，这些都会影响到景物的照明，但由于太阳直射光线的效果最为明显，因此可以近似看为直射光照明。

严格地说，光线照射到拍摄对象上时，会产生三个区域。

（1）强光位置是指拍摄对象直接的受光部位，这一般只占拍摄对象表面极少的一部分，在强光位置，由于受到光线直接照射亮度非常高，因此一般情况下肉眼可能无法很好地分辨物体表面的图像纹理及色彩表现，但是由于亮度极高，这部分可能还是能够吸引观者极大的注意力。

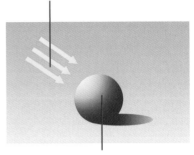

直射光的光源和光线方向都非常明显

直射光线照射到景物时，会在景物表面产生极强的明暗反差

硬调光多用来刻画物体的轮廓、图案、线条，或表现刚毅、热烈的情绪

（2）一般亮度位置是指介于强光和阴影之间的部位，在这部分，亮度、色彩和细节的表现比较正常，可以让观者清晰地看到这些内容，也是一幅照片中呈现信息最多的部分。

（3）阴影部分是指画面中背光的部分，正常情况下，这部分的亮度可能较低，但由于与强光位置在同一幅画面中，因此对比下显得比较暗，另外数码单反相机也无法将阴影部分和强光部分都显示正常。阴影部分可以用于掩饰场景中影响构图的一些元素，使得画面整体简洁流畅。

光圈 f/4，快门速度 1/500s，焦距 11mm，感光度 ISO80，曝光补偿 −0.3EV

在直射光下拍摄风光题材的作品时，一切都变得更加简单，受光与阴影部分会形成自然的影调层次，使画面更具立体感

光圈 f/9，快门速度 1/45s，焦距 17mm，
感光度 ISO200

在散射光下拍摄风光画面，构图时一定要选择明
暗差别大一些的景物，这样景物自身会形成一
定的影调层次，画面会令人感到非常舒适

■ 散射光摄影分析

　　除直射光之外，另一种大的分类就
是散射光了，也叫漫射光、软光，是指没
有明显光源，光线没有特定方向的光线环
境。散射光线在拍摄对象体上任何一个部
位所产生的亮度和感觉几乎都是相同的，
即使有差异也不会很大，这样拍摄对象体
的各个部分在所拍摄的照片中表现出来
的色彩、材质和纹理等也几乎都是一样
的。

　　散射光下进行摄影，曝光的过程是
非常容易控制的，因为散射光下没有明
显的高光亮部与弱光暗部，没有明显的
反差，所以拍摄比较容易。散射光还很
容易把拍摄对象的各个部分都表现出来，
而且表现得非常完整。但也有一个问题，
因为画面各部分亮度比较均匀，不会有明
暗反差的存在，画面影调层次欠佳，这会
影响观者的视觉效果，所以只能通过景物
自身的明暗、色彩来表现画面层次。

光圈 f/2，快门速度 1/250s，焦距 85mm，
感光度 ISO100

散射光下拍摄人像，可以使画质细腻柔和

11.3.2 光线的方向性

■ 顺光照片的特点

　　对于顺光来说，其摄影操作比较简单，也比较容易拍摄成功，因为光线顺着镜头的方向照向拍摄对象，拍摄对象的受光面会成为所拍摄照片的内容，其阴影部分一般会被遮挡住，这样因为阴影与受光部的亮度反差带来的拍摄难度就没有了。这种情况下，拍摄的曝光过程就比较容易控制，顺光所拍摄的照片中，拍摄对象表面的色彩和纹理都会呈现出来，但是不够生动。如果照射强度很高，景物色彩和表面纹理还会损失细节。顺光摄影适合摄影新手练习用光，另外在拍摄记录照片及证件照时使用较多。

顺光示意图

光圈 f/13，快门速度 1/160s，焦距 165mm，感光度 ISO500

顺光拍摄时，虽然画面会缺乏影调层次，但能够保留更多的景物表面细节。因为顺光拍摄几乎没有阴影，所以很少会产生损失画面细节的情况

■ 侧光照片的特点

　　侧光是指来自拍摄景物左右两侧，与镜头朝向呈 90° 的光线，这样景物的投影落在侧面，景物的明暗影调各占一半，影子修长而富有表现力，表面结构十分明显，每一个细小的隆起处都产生明显的影子。采用侧光摄影，能比较突出地表现拍摄对象的立体感、表面质感和空间纵深感，可形成较强烈的造型效果。侧光在拍摄林木、雕像、建筑物表面、水纹、沙漠等各种表面结构粗糙的物体时，能够获得影调层次非常丰富的画面，空间效果强烈。

侧光示意图

光圈 f/10，快门速度 1/250s，焦距 22mm，感光度 ISO100

侧光拍摄时，一般会在拍摄对象上形成清晰的明暗分界线

■ 斜射光照片的特点

　　斜射光又分为前侧斜射光（斜顺光）和后侧斜射光（斜逆光）。整体上来看，斜射光是摄影中的主要用光方式，因为斜射光不单适合表现拍摄对象的轮廓，更能通过拍摄对象呈现出来的阴影部分增加画面的明暗层次，这可以使得画面更具立体感。拍摄风光照片时，无论是大自然的花草树木，还是建筑物，由于拍摄对象的轮廓线之外就会有阴影的存在，所以会给予观者立体的感受。

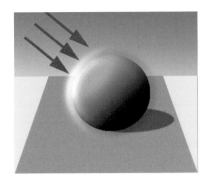

斜射光示意图

光圈 f/4.5，快门速度 1/100s，焦距 75mm，感光度 ISO100，曝光补偿 –0.7EV

拍摄风光、建筑等题材时，斜逆光是使用较多的光线。能够很容易地勾勒出画面中拍摄对象及其他景物的轮廓，增加画面的立体感

逆光拍摄示意图

■ 逆光照片的特点

　　逆光与顺光是完全相反的两类光线，是指光源位于拍摄对象的后方，照射方向正对相机镜头。逆光下的环境明暗反差与顺光完全相反，受光部位也就是亮部位于拍摄对象的后方，镜头无法拍摄到，镜头所拍摄的画面是拍摄对象背光的阴影部分，亮度较低。但是应该注意，虽然镜头只能捕捉到拍摄对象的阴影部分，但是拍摄对象之外的背景部分却因为光线的照射而成了亮部。这样造成的后果就是画面反差很大，因此在逆光下很难拍得拍摄对象和背景都曝光准确的照片。利用逆光的这种性质，可以拍摄剪影的效果，极具感召力和视觉冲击力。

光圈 f/22，快门速度 1/60s，焦距 16mm，感光度 ISO100

强烈的逆光会让拍摄对象正面曝光不足而形成剪影。当然，所谓的剪影不一定是非常彻底的，如本画面这样拍摄对象是有一定的细节显示出来的，这样画面的细节和层次都会更加丰富

光圈 f/5.6，快门速度 1/200s，焦距 240mm，感光度 ISO400

逆光拍摄人像，人物发丝边缘会有发际光，有梦幻的美感

■ 顶光照片的特点

　　顶光是指来自拍摄对象顶部的光线，与镜头朝向呈 90° 左右的夹角。晴朗天气里正午的太阳通常可以看为最常见的顶光光源，另外通过人工布光也可以获得顶光光源。正常情况，顶光不适合拍摄人像照片，因为拍摄时人物的头顶、前额、鼻头很亮，而下眼睑、颧骨下面、鼻子下面完全处于阴影之中，这会造成一种反常奇特的形态。因此，一般都避免使用这种光线拍摄人物。

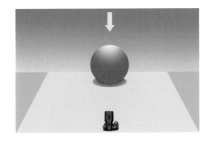

顶光拍摄示意图

光圈 f/7.1，快门速度 1/200s，焦距 44mm，感光度 ISO320，曝光补偿 +1EV

在一些较暗的场景中，如老式建筑、山谷、密林等场景，由于内部与外部的亮度反差很大，这样外部的光线在照射进来时，会形成非常漂亮的光束，并且光束的质感强烈

光圈 f/18，快门速度 1/13s，焦距 50mm，感光度 ISO100，曝光补偿 +0.7EV

太阳刚升起之后的一段时间内，色温偏低，这样所拍摄整个画面偏暖的色彩会非常浓郁

11.3.3　早晚的拍摄时机

■ 早晨的光线

　　自然界中，如果是晴朗天气，晨曦的光线色彩一般都比较浓郁，表现出或红或橙的色调，这也是摄影者非常喜爱的摄影时段。由于早晨地面和太阳之间的夹角很小，相对于摄影者来说，与太阳的距离较远，太阳光线必须通过很厚的大气层才能照射到摄影者所在的位置，因此波长很短的蓝、绿、黄色光线会被大气层阻挡，依次消失，这时只有波长很长的橘红色光线（光线一般由红、橙、黄、绿、青、蓝、紫七种光谱组成，波长由长到短排列）能够透过大气层照射到地面。因此早晨的光线色彩呈现出红色或橙色。

　　晨曦中，太阳升起的速度很快，可能在短短几分钟或是十几分钟之内，太阳光线的颜色就会有较大变化，所以在早晨拍摄光影作品时，应该掌握好拍摄的时机。同样的，色彩变化即对应了光线色温的变化，晨曦时浓郁红色的光线色温大概 2 000K 左右，在后面的不到 1 小时内，色温可能会变为 3 000 ~ 3 500K，这样摄影者要拍出晨曦时的红色或橙色风光，就要及时变更相机的色温值。

　　因为早晨太阳离水平线较近，与拍摄景物之间的夹角很小，能够拉出很长的阴影，画面的光影效果极佳，立体感很强，因此晨曦时的摄影，采光以逆光与侧光为主。另外白天蒸发的水分经过整个晚上的冷凝，会在地表形成很厚的水汽，有时会形成浓重的大雾或是轻纱般的薄雾，又增加了画面的明暗影调层次。由于雾气的亮度较高，而画面阴影的亮度较低，因此明暗反差很大，要注意测光与曝光时的准确性。

■ 黄昏的光线

黄昏时刻的摄影时间会因为季节的不同而有所区别，冬季的黄昏时刻较早，夏季的较晚，并且黄昏时刻太阳最具有表现力的时间很短，所以要拍摄黄昏时的美景，要掌握好时间。总体来看，黄昏时的光线特性近似于晨曦时间段，与地平线夹角很小，要经过厚厚的云层才能到达地表，光波较短的青蓝紫等光线被云层和尘埃阻挡，只有红橙等光线照射过来，整个拍摄环境都变为了暖暖的红橙黄色调，非常具有感召力。

光圈 f/6.3，快门速度 1/60s，焦距 50mm，感光度 ISO200

太阳将近落山时，现场的色彩会是浓浓的暖色

光圈 f/5.7，快门速度 1/25s，焦距 36mm，感光度 ISO200

太阳落入地平线以下时，色温变化非常快，现场的光线色彩也会变得非常奇特、旖旎

■ 夜晚的光线

刚入夜时，光影效果可以说是自然光与人造光的组合，抓住这时的光线特点进行拍摄，可以营造出非常美妙动人的画面。太阳完全落山并且霞云已经看不见、天色要暗但未全暗时的，此刻具有比较理想的景物、环境、天空的光比，只要掌握好了构图平衡与曝光时间，就能够拍摄出非常有特色的作品。

入夜以后，太阳光线几乎完全不见，都市中的霓虹开始亮了起来，街边的路灯、装饰灯、居民家中的照明灯以及路上的车灯，这些光源具有不同的颜色、形状与亮度，将夜色装扮的五彩缤纷，非常绚丽。不同种类的光源会有不同的色彩与色温，并且因为光照并不均匀，除灯光的照射范围外，环境中还会有大片的较暗区域，这些都会对摄影者的拍摄过程造成影响，要设定合适的色温，还要有正确的曝光过程，才能拍摄出完美的作品。

光圈 f/5.6，快门速度 1/5s，焦距 40mm，感光度 ISO640

夜晚城市的霓虹灯人工光源与天空的自然光线混合，所营造出的画面色彩是非常漂亮的

11.4 摄影配色

　　人们不仅发现、观察、创造、欣赏着绚丽缤纷的色彩世界，还通过长久的时代变迁不断深化着对色彩的认识和运用。摄影学中，色彩的运用是一门重要的学问。利用色彩，可以传达不同的画面情感。自然界中任何色彩的产生都离不开太阳光线红、橙、黄、绿、青、蓝、紫这7种光谱色彩的混合叠加，在日常的应用中，将这7种光谱色抽象出3种基准颜色，为红、绿、蓝三种颜色，7种光谱色所能混合叠加出的颜色，使用红、绿、蓝3种基准颜色也能叠加出来。

　　人们把红 (Red)、绿 (Green)、蓝 (Blue) 这3种色光称之为"三原色光"，分别简称为 R、G、B。RGB 色彩体系就是以这3种颜色为基本色的一种体系。目前这种体系普遍应用于数码影像中，如电视、计算机屏幕、数码相机、扫描仪等。R、G、B三原色各自的取值范围为 0 ~ 255，3 种不同数值的颜色叠加会产生不同的色彩，而当相同数值的 R、G、B 叠加时，复合色则会变成白色。摄影学中，通常使用的就是 R、G、B 三原色体系。

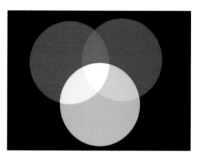

在Photoshop中可以进行三原色叠加的实验，本图即为在Photoshop中绘制

光圈 f/19，快门速度 1/90s，焦距 22mm，感光度 ISO200

色彩与色彩之间是存在一定联系的，红、橙、黄、绿、青、蓝、紫各色系之间是逐渐渐变的

11.4.1　色彩三要素：色相、明度和饱和度

　　自然界的色彩虽然各不相同，但任何色彩都具有色相、明度、饱和度这 3 个基本属性。

　　色相：色相是指色彩的相貌，是指各种颜色之间的区别，是色彩最显著的特征，是不同波长的色光被感觉的结果。光谱中有红、橙、黄、绿、蓝、紫 6 种基本色光，人的眼睛可以分辨出约 180 种不同色相的颜色。

　　明度：明度是指色彩的深浅、明暗，它决定于反射光的强度，任何色彩都存在明暗变化。其中黄色明度最高，紫色明度最低，绿、红、蓝、橙的明度相近，为中间明度。另外在同一色相的明度中还存在深浅的变化。如绿色中由浅到深有粉绿、淡绿、翠绿等明度变化。

　　饱和度：饱和度是指色彩的鲜艳程度，也称色彩的纯度。饱和度取决于该色中含色成分和消色成分（灰色）的比例。含色成分越大，饱和度越大；消色成分越大，饱和度越小。

色相环

光圈 f/4，快门速度 1/640s，焦距 18mm，感光度 ISO200，曝光补偿 –0.7EV

看画面中的红色花瓣部分，明度较低的位置以及明度较高的位置色彩感都比较弱，只有明度适中的部分红色最为浓郁

光圈 f/7.1，快门速度 1/400s，焦距 35mm，感光度 ISO200，曝光补偿 −0.7EV

用大片的冷色调来衬托暖色，反而给人一种温馨的感觉

11.4.2 大片冷色调对应小片暖色调

色轮右边半部分的颜色一般称为暖色调；左边半部分为冷色调。色彩的冷暖感觉是人们在长期生活实践中由于联想而形成的。

暖色：人们见到红、红橙、橙、黄橙、红紫等色后，马上联想到太阳、火焰、热血等物像，产生温暖、热烈、危险等感觉。

冷色：人们见到蓝、蓝紫、蓝绿等色后，则很易联想到太空、冰雪、海洋等物像，产生寒冷、理智、平静等感觉。

冷暖色轮

11.4.3　色彩互补带来的强烈冲击力

如果两种色彩用恰当的比例混合以后产生白色的感觉，那么这两种颜色就被称为互补色，或者说是从色轮上来看处于正对位置的两种颜色，即通过圆心的直径两端的颜色。拍摄照片时采用互补色组合会给观者非常强烈的情感，视觉冲击力很强，色彩区别明显、清晰。

光圈 f/3.2，快门速度 1/1 000s，焦距 105mm，感光度 ISO100，曝光补偿 –0.7EV

蓝色与黄色、青色与红色均两两互补，这种色彩的互补很容易营造出强烈的视觉效果。在我国的西北地区，这种跳跃性配色是很常见的，非常简单的画面或图案也能拍摄出不一样的感觉

11.4.4 舒缓的协调色

按照光谱中的顺序，相邻的颜色就是相邻色，比如红色和橙色，橙色和黄色，黄色和绿色，蓝色和紫色等，摄影师在拍摄时把这些相邻的色彩搭配在一起会给人和谐安稳的感觉。需要注意的是，在搭配相邻色时要注意照片的层次，利用环境来制造层次。

光圈 f/2.8，快门速度 1/350s，焦距 200mm，感光度 ISO100，曝光补偿 −0.3EV

以黄色系与绿色系的相邻配色构成画面，为画面赋予非常和谐稳定的感觉，有时两种色彩很难界定和分辨，这足以证明它们的协调性和相邻性

11.4.5 不同色系照片的画面特点

红色代表着吉祥、喜气、热烈、奔放、激情。早晚两个时间段拍摄的照片，整体风格偏红、橙等色彩，给人非常温暖的感觉，同时显得热烈、奔放、生动，具有很强的吸引力。

光圈 f/4，快门速度 1/40s，焦距 165mm，感光度 ISO500

橙色是介于红色与黄色之间的混合色，又称为橘黄色或橘色。一天中，早、晚的环境是橙色、红色与黄色的混合色彩，通常能够传递出温暖、活力的感觉。橙色的典型意义有明亮、华丽、健康、活力、欢乐以及极度危险，并且橙色的视觉穿透力仅次于红色，也属于非常醒目的颜色，因此橙色更侧重于一种心理色彩。

　　因为与黄色相近，所以橙色经常会让人联想到金色的秋天，是一种收获、富足、快乐而幸福的颜色。

光圈 f/22，快门速度 1/5s，焦距 17mm，感光度 ISO100，曝光补偿 +1EV

黄色光谱波长适中，是所有色彩中比较中性的一种混合色，这种色彩的明度非常高，可以给人轻快、透明、辉煌、收获的感觉。也因为黄色亮度较高，过于明亮，所以经常会使人感觉到不稳定、不准确或是容易发生偏差。摄影领域来看，各种花卉是黄色比较集中的题材，迎春花、郁金香、菊花、油菜花等都是非常典型的黄色，这些花卉可以给人轻松、明快、高贵的感觉。

光圈 f/9，快门速度 1/200s，焦距 105mm，感光度 ISO400

自然界中明度稍低的黄色还有土地与秋季的季节色两种。地表的黄土本身就呈现出暗黄的色彩，给人的感觉往往不够好。秋季的黄色则是收获的象征，果实的黄色、麦田与稻田的黄色，都会给人富足与幸福的感觉。

绿色是三原色之一，是自然界中最为常见的颜色。通常象征着生机、朝气、生命力、希望、和平等精神。饱和度较高的绿色是一种非常美丽、优雅的颜色，它生机勃勃，象征着生命。

光圈 f/9，快门速度 1/60s，焦距 90mm，感光度 ISO100

蓝色也是三原色之一，是一种非常大气、平静、稳重、理智、博大的色彩，最为常见的莫过于蓝天与海洋这种辽阔大气，或深沉理智的蔚蓝色，纯净的蓝色给人美丽、文静、理智与准确的感觉。之所以说蓝色比较理智，是因为它是一种最冷的色调，不带有任何情绪色彩。在商业设计中，强调科技和智能化，许多企业都选用蓝色作为标志色彩。

光圈 f/6.3，快门速度 58.8s，焦距 16mm，感光度 ISO2 000，多张堆栈

　　青色是一种过渡色，介于绿色和蓝色之间。这种色彩的亮度很高，拍摄蓝色天空时，稍稍的过曝就会呈现出青色。其他场景中的青色并不多见，在新疆维吾尔自治区、西藏自治区等地区，一些雪山融水河是比较明显的青色。

光圈 f/8，快门速度 1/1 600s，焦距 70mm，感光度 ISO400，曝光补偿 −0.7EV

紫色通常是高贵、美丽、浪漫、神秘、孤独、忧郁的象征。自然界中的紫色多见于一些特定花卉、早晚的天空等，表现的既美丽又神秘，给观者非常深刻的印象。另外，人像摄影中，摄影师可能会布置紫色的环境，或是让人物身着紫色的衣物等。

一个暗的纯紫色只要加入少量的白色，就会成为一种十分优美、柔和的色彩；在紫色中加入白色，可产生出许多层次的淡紫色，而每一层次的淡紫色，都显得非常柔美、动人。

光圈 f/11，快门速度 1/60s，焦距 16mm，感光度 ISO100

白色是非常典型的一种混合色，三原色叠加效果是白色，自然界的 7 种光谱经过混合叠加也变为无色或白色。白色系能够表达人类多种不同的情感，如平等、平和、纯净、平淡、冷酷等。在摄影学中，白色的使用比较敏感，可多与其他色调搭配使用，并且能够搭配的色调非常多，例如黑白搭配能够给人非常强烈的视觉冲击力，蓝白搭配则会传达出平和、宁静的情感。拍摄白色的对象时，要特别注意整体画面的曝光控制，因为白色部分区域很容易会因曝光过度而损失其表面的纹理感觉。

光圈 f/4.5，快门速度 1/2 000s，焦距 38mm，感光度 ISO100，曝光补偿 –0.3EV

风光摄影是以展现自然风光之美为主要目的的一个门类，是广受人们喜爱的题材，能够让拍摄和欣赏的人都获得非常美妙的感受。

第 **12** 章

风光摄影

12.1 拍摄风光的通用技巧

12.1.1 小光圈或广角拍摄有较大的景深

拍摄风光画面，首先要注意的事情是以更大的景深容纳更多景物，呈现出自然界的美感。拍摄时，应该让整个场景都尽可能的处于对焦范围内，选用较小的光圈。光圈越小，你所获得照片的景深就会越大。影响景深的因素还有就是所选用镜头的焦距，摄影者在进行风光照片的拍摄时可尽量多使用广角进行创作，来表现画面的纵深感。

光圈 f/8，快门速度 1/40s，焦距 35mm，感光度 ISO125

拍摄风光照片一个基本的要求就是画面必须有足够大的景深，能够将远近的景物都清晰地表现出来

在拍摄风光时，为获得更大景深，让远近的景物都清晰的显示出来，就需要掌握光圈、焦距和物距的"景深三要素"。

光圈 f/8，快门速度 5s，焦距 55mm，感光度 ISO160

理解了景深三要素之后，那就能够从全局考虑画面的景深状态。比如这张照片，以中等焦距拍摄，由于光圈较小，物距较大，所以也可以轻松得到大景深的效果

12.1.2 **让地平线更平的拍摄技巧**

风光画面中往往会有天地相融的美景，地平线是分割画面的重要界限，因此地平线的位置非常重要。通常情况下，地平线出现倾斜，照片会给人一种非常难受的感觉，并且最严重的是往往一斜俱斜，在后期浏览时经常会发现某次外出采风的照片基本上全是倾斜的。这是因为人的身体动作不规范、取景时又没有注意而导致的。拍摄风光画面时，让地平线平一些，可以使得照片画面符合视觉及美学方面的要求，获得和谐、平衡的美感。

地平线发生倾斜，画面失去平衡；并会给人一种特别不严谨、不专业的感觉

光圈 f/11，快门速度 1/10s，焦距 20mm，感光度 ISO200，曝光补偿 +1EV

地平线比较平整，这样画面就会比较协调，并给人一种特别严谨、专业的感觉

小提示

有一个非常简单的办法可以让摄影者拍摄出更为平整的地平线：取景时观察取景框左上和右上两个角到地平线的距离。另外，也可以利用相机内的电子水准仪来取水平，不过应该注意，使用水准仪时要在液晶监视器上观察，相对麻烦一些。

12.1.3 利用线条引导视线，增加画面的空间感

当拍摄风景照的时候应该问自己一个问题：我的照片怎样才能引人注目？其实有很多种方法，例如寻找较好的前景是一种比较普遍的方法，但另外一种更好的方法是运用线条的力量将观者的注意力带入到所拍摄的画面中。线条可以引导观者的视线，让画面看起来非常自然，并且线条还可以让画面充满立体感及韵律感。

光圈 f/16，快门速度 13s，焦距 16mm，感光度 ISO100，曝光补偿 +0.7EV

栈道自身的线条即可引导观者的视线延伸到画面深处

光圈 f/11，快门速度 1/25s，焦距 24mm，感光度 ISO100

道路、栈道等线条都可用于引导视线

拍摄风光类题材时，线条是非常重要的一种构图元素：摄影者在拍摄之前就应该寻找画面中具有较强表现力的线条，用以引导观者的视线，或是增加画面深度，让风光变得更悠远一些。常见的线条很多，包括公路、小道、山脊、水岸等都可以作为画面构成的骨架。

注意，要利用线条来优化构图，一定要注意两个问题：线条方向要单一化，如果有很多线条，那么这些线条要朝着一个方向延伸；线条最好要完整一些，不完整的线条既起不到导向作用，又会让人感觉虎头蛇尾，画面不完整。

12.1.4 加装滤镜让色彩更浓郁/让空气更通透

拍摄风光,最佳时间应该是在晨曦中或夕阳西下这两个时间段,在两个时间段内,拍摄的照片往往偏红、橙、黄等暖色调,并且色彩非常浓郁,容易打动观者。应该注意,在晨曦中拍摄,太阳升级,会带动地面环境迅速升温,这样空气中会有大量蒸腾的水蒸气,水汽反射的反射光线会让拍摄的画面泛白,因此需要在镜头前加装偏振镜,滤除这些杂乱的反射光线,这样画面会更加通透、自然,色彩会更加浓郁艳丽。

不使用偏振镜直接拍摄时,因为空气中的水汽散射和折射,拍摄出的画面会泛白,饱和度不够

光圈 f/4,快门速度 1/500s,焦距 35mm,感光度 ISO100

加装偏振镜能够滤除杂乱的光线,让画面变得更加通透,并且画面的饱和度会高一些

12.1.5 在自然界中寻找合适的视觉中心（拍摄对象）

风光摄影所涉及题材非常多，林木、水景、山景等，并且不同题材内景别也是千变万化，摄影者不能看到美景就忘乎所以不假思索按下快门，在拍摄之前一定要仔细观察，寻找视野内具有较强表现力的景物进行强调，即在画面中选择你所需要的兴趣中心，兴趣中心是画面最吸引人的地方，也是画面最精彩的地方。它起着把画面其他部分贯穿起来，构成一个艺术整体的作用。趣味中心可以是人，可以是物，可以是点、线，可以是色彩。如建筑物，树枝，一块石头或者岩层，一个轮廓等。

光圈 f/13，快门速度 1/25s，焦距 16mm，感光度 ISO100，曝光补偿 –0.3EV

这张场景非常漂亮，但作为摄影作品是有欠缺的，视觉中心或者说是拍摄对象不够明显

初学摄影者在面对风光题材时可能会有一个误区，就是没有寻找拍摄主体的意识，看到优美的风光就满怀激情的拍摄，而没有理智的思考，所以无法把看到的美景拍摄出来，传递给观者。看刚才的图片，如果没有两头牛作为拍摄对象，画面就会变得枯燥很多，观者也会没有合适的视线落脚点。

光圈 f/8，快门速度 1/100s，焦距 70mm，感光度 ISO100，
曝光补偿 –0.3EV

这是非常简单的一个场景，但因为作为视觉中心的树木非常醒目和突出，所以画面会更耐看一些

12.1.6 慢速快门的使用让画面与众不同

风光中往往有人物或其他动态物在其中活动，这能够增加画面的活力。此外风光画面中的动态物能充实景物的内容，也可为景物增加透视的比例感。例如沙滩上的海浪，小溪中的流水，移动的云层，公路上的汽车等。

捕捉到这些动态，一般意味着需要使用慢快门，有时需要几秒钟。当然，这也意味着更多的光线会到感应器上，而你则需要使用"小光圈＋低感光度"的曝光组合，甚至在黎明或者黄昏这种光线较弱的时候拍摄也是如此。

光圈 f/22，快门速度 4s，焦距 67mm，感光度 ISO50

利用一般慢速快门，将一汪清水轻微的流动给拍摄了出来，画面很奇特

小提示

拍摄风光题材，面对水景或其他一些包含运动景物的画面时，慢门是一种比较个性、新颖的选择。那么这就要求摄影者在外出采风时，即使白天拍摄，也不要忘记携带三脚架及快门线等附件，因为这些附件更有助于拍摄出与众不同的照片。

光线较好的环境中要拍摄出慢门效果，对相机的设定如下：三脚架＋快门线提高稳定性，降低ISO感光度设定,缩小光圈（f/8～f/22之间）。

光圈 f/16，快门速度 1/80s，焦距 16mm，
感光度 ISO160，曝光补偿 –0.7EV

采用慢门的拍摄手法，画面会更有感染力，
表现力更强

12.1.7 善于抓住天气状态变化

一个阳光灿烂的好天气是最适合外出拍摄的，特别是在早晚光线色温变暖时，拍摄出的风光画面特别漂亮。但其实，风雨欲来的天气也提供了比较特殊的场景，让摄影者表现情绪和情感。摄影者应该尝试寻找各种适合表现主题的天气来拍摄，比如雨天可以拍摄水中的倒影，玻璃上的水珠作为前景都可以孕育出特定的情感，而在大雾天气，可以利用雾天的特色创作出梦幻感的照片。在大雪的时候，也可以拿起相机出门走走，你会拍摄下许多美好的影像。要学会利用起这些多变的天气，而不是仅仅等着一个蓝天白云的好天气。

光圈 f/7.1，快门速度 1/60s，焦距 60mm，感光度 ISO160

日落时候的云海，画面反差容易控制，色彩丰富

光圈 f/13，快门速度 1/20s，焦距 25mm，感光度 ISO100

多雨季节里，捕捉到天空非常有气势的积雨云，让画面变得不再平淡

12.1.8 利用点测光拍摄别致的小景

即使是直射光线下，你也可能会发现拍出的照片明暗反差较小，影调层次极不明显。这是因为使用评价测光模式时，相机会对整个画面进行平均测光，这种测光方式造成了亮部的压暗和暗部的提亮。针对这种场景，应该使用点测光进行拍摄，测光点选择画面中较亮的点，以此为曝光基准，这样就会压低阴影部分的亮度，造成画面更大的明暗反差，给人更强的视觉体验。

光圈 f/8，快门速度 1/60s，焦距 102mm，感光度 ISO200

采用点测光模式测受太阳照射的前方重点部位，这样可强化场景当中的明暗对比

光圈 f/7.1，快门速度 1/400s，焦距 200mm，感光度 ISO400

12.2　拍摄不同的风光题材

12.2.1　突出季节性的风光画面

在我国北方，春夏秋冬四季分明，拍摄风光题材时，季节性是非常重要的照片构成信息，在照片中一定要通过色彩把照片的季节性表现出来。春季的枝叶会是嫩绿色，并有大片大片的繁花，色彩比较绚烂；夏季是各种绿色的海洋，深浅不一，比较繁盛；秋季的植物以红黄色为主；冬季比较萧瑟，色彩感较弱，但如果能有雪景，画面会比较漂亮。

光圈 f/11，快门速度 1/250s，焦距 16mm，感光度 ISO200，曝光补偿 −0.3EV

秋季摄影，植物最终会变为红黄等色，从而营造出一种偏暖的画面氛围

光圈 f/18，快门速度 1/160s，焦距 19mm，感光度 ISO200，曝光补偿 +1EV

雪景是冬季最具有表现力的景象

12.2.2　拍摄森林时要抓住兴趣中心

与拍摄其他主题一样，拍摄森林时需要找出兴趣点，它可能是形状怪异的树干、一条蜿蜒的小径等。不管是什么构图方法都要能引导观者入画。在森林拍摄过程中，如果画面过于完整就会削弱森林的临场感和力量感。另外，摄影者还可以通过单独表现扎根于深土内部的树根或者是苍老的树皮等某些局部，让人对整棵大树或者是整片的森林加以联想。

光圈 f/8，快门速度 1/60s，焦距 45mm，感光度 ISO100，曝光补偿 –0.3EV

拍摄大面积林木时，本画面利用高亮的树干作为兴趣中心进行强调，让画面产生明显的主体

光圈 f/9，快门速度 1/200s，焦距 16mm，感光度 ISO100

在画面中出现动物或人物等拍摄对象时，一般要将其作为视觉中心

12.2.3 枝叶的形态与纹理

　　如果使用长焦镜头或者微距镜头选择几片树叶进行拍摄，可以显示出叶片表面的纹理非常细腻、清晰，表现出造物的神奇。拍摄树叶的纹理时，一般先为树叶选择一个较暗的背景，然后采用点测光的方式对叶片的高光位置测光，这样在画面中会形成背景曝光不足但拍摄对象曝光正常的高反差效果，拍摄对象非常醒目，突出。如果背景也比较明亮，就需要使用大光圈将背景中的杂乱叶片虚化掉以突出拍摄对象。

光圈 f/5，快门速度 1/800s，焦距 55mm，感光度 ISO100，曝光补偿 −0.7EV

寻找简单的背景，并且利用虚实对比的手法，营造出秋日特有的画面氛围

采用点测光是为了使主体部分曝光准确，这样才能够清晰的表现出拍摄对象表面的纹理和脉络。

一定要开大光圈，对背景进行虚化，这样才能让主体的枝叶从背景中分离出来，得到突出。

光圈 f/5.6，快门速度 1/250s，焦距 100mm，感光度 ISO100，曝光补偿 –0.3EV

无法分离出数片叶子时，也可以考虑选取大片形态相似，明暗相近的枝叶作为主体表现

12.2.4 拍摄草原的优美风光

草原一般比较辽阔，牛羊满山坡，牧草丰盛，蓝天白云……从风光的角度来讲，任何摄影师拍摄草原的角度也不过如此。所不同的是拍摄时所处的时间和天气以及拍摄手法。在晴朗天气里的草原拍摄，入目皆是美景，却不能随意拍摄，普通的蓝天与草地照片并没有太好的视觉效果，随意拍摄很难拍摄出能够打动人的好照片。

正常情况下，在草原拍摄时，看到好景致只是第一步，还要寻找到好的拍摄对象，通常情况下是牛、羊、马等牲畜，也可能是飞过的雄鹰，此时这些拍摄对象搭配地面的牧草以及蓝天白云，画面就非常漂亮了。

光圈 f/9，快门速度 1/125s，焦距 70mm，感光度 ISO100

从大片的牛羊对象中找到适合表现的拍摄对象进行强化，画面就会主次分明有秩序感

光圈 f/8，快门速度 1/160s，焦距 200mm，感光度 ISO100

如果干净的草原，那即便光影和色彩再美，也没有太大拍摄价值，让画面成功的最重要元素是出现的牛群

12.2.5　海景拍摄的构图与色彩

在拍摄海景的时候，画面中所包含元素的多少，构图形式的变化，色彩的合理搭配，都是能否拍摄出完美海景照片的关键因素，大海的海面与天边的交际线是非常典型的水平线条，对着海洋拍摄一般无法避开，因此可以利用这种线条的特点，使用水平线、三分法等形式进行构图，将天际线置于画面顶部的 1/3 处，既能使海面景观占据画面的大部分区域，还可以搭配一定比例的蓝天白云，丰富构图元素，给观者和谐、平整、稳定的感觉。

光圈 f/10，快门速度 1/200s，焦距 70mm，感光度 ISO100，曝光补偿 −0.3EV

在本画面这种天空表现力较弱的场景中，可以在 1/3 的比例基础上，进一步压缩天空的比例，以突显海面和海边的景别

海洋是非常纯粹的蓝色，与天空颜色相同，这样就容易造成色彩层次模糊的感觉，因此摄影者应捕捉一些与蓝色有较大差异的构图元素进行画面调节，比如划过海面的帆船，天空中的白云，海面上的海鸥等都可以很好的调节画面。

此外，拍摄海景在构图时，可以选取一些礁石、海浪、渔船作为前景，可以赋予画面元素很好的层次过渡感，并可以从另外的角度展现大海之美。

光圈 f/4.5，快门速度 1/60s，焦距 36mm，感光度 ISO100，曝光补偿 −0.3EV

拍摄海洋时以岩石进行构图，不单能丰富画面层次，还可以让画面获得一种刚柔的平衡。岩石为刚性，水为柔性

12.2.6 拍摄海上日出日落与拍摄圆盘形太阳的技巧

早晨日出或者傍晚日落时分的大海在逆光的条件下会被太阳染成橙红色或金黄色，具有很强的画面感染力，如果对准太阳周围较亮的云层测光，可以使天空的云层细节及太阳轮廓表现得非常完整，而在海面上的船只、海鸥等景物就会因为曝光不足而形成剪影。

光圈 f/6.3，快门速度 1/1 250s，焦距 28mm，感光度 ISO100，曝光补偿 –0.3EV

拍摄早晚的大海，海面及天空会变成橙、红等颜色，景物细节会因为逆光剪影效果而消隐，这样画面整体会显得非常大气

拍摄海上日出日落时，经常会见到圆圆的大太阳，周边轮廓非常清晰，像圆盘一样。这可以丰富原本非常单调的海面和天空构图，形成一个明显的视觉中心。

● 正常情况下，要拍摄出太阳的轮廓，需要使用 90mm 及以上的焦距拍摄，焦距小于 90mm 时，很难拍摄出太阳的轮廓

● 应该注意，要获得清晰的太阳轮廓还有一个条件，就是光线不宜过强，例如中午就无法拍到太阳清晰的轮廓

光圈 f/8，快门速度 1/500s，焦距 135mm，感光度 ISO200，曝光补偿 –0.3EV

用低速快门表现海浪动感：海浪源于潮汐，而潮汐是月球对地球的引力所致。大家在海边拍摄时也常用低速拍摄诸如"海浪击石""浪花飞舞"等卡题。一般来说，海浪涌动前行的速度相对较快，既能目睹其恢宏气势，又能轻松地将其定格。如果要以"流动"的效果将海浪记录下来，可用低于 1/30 s 的慢速度拍摄，光圈值宜选择在 f/5.6 ～ f/11，这样可保证较为理想的景深。当第一波海浪即将进入取景框时，要不失时机地进行抓拍。

光圈 f/22，快门速度 5s，焦距 50mm，感光度 ISO100

利用慢速快门拍摄海浪，动感模糊的效果也非常漂亮

小提示

在海边进行长时间曝光拍摄，一定要注意要离海边稍远一点，防止海水溅入镜头腐蚀镜片；一定要将三脚架安放在较硬的岩石上，否则会在拍摄中途移动，导致所拍摄的照片模糊。

12.2.7 拍摄出水流的动感

光圈 f/11，快门速度 1/2s，焦距 37mm，感光度 ISO100

白色的水流与岸边深浅不一的绿色植物、苔藓搭配，使得画面有一种非常清新的气息，令人感到非常舒服

数码单反相机的优势不仅在于可以凝固高速的瞬间，对于"慢"的记录也是它的拿手好戏。想拍摄水景时，如果采用普通的自动曝光模式，效果势必会比较平淡，而使用长时间曝光，将水流描绘成顺滑的白色丝线，那么就会非常漂亮。

拍摄瀑布的动感水流效果，其实还是比较简单的，通常情况下，即使没有使用滤镜减少进入相机的光线，采用设定最小光圈、最低的 ISO 感光度的方法，基本上也能够获得很好的丝质水流效果（快门速度以 1/5 ~ 20s 最佳）。当然，三脚架是必须使用的附件。

光圈 f/22，快门速度 20s，焦距 24mm，感光度 ISO50，曝光补偿 −0.7EV

利用慢速快门拍摄小溪水流动的梦幻效果

与拍摄瀑布不同，在拍摄一些小溪流水，或是泉水流动的效果时，难度会大一些。因为这些景物的流动速度更慢，需要使用的快门速度也就更慢（通常要 1 ~ 30s 才能有很好的流动效果），在白天的室外很难获得超过 1s 的快门速度，强行使用快门优先或 M 模式设定很慢的快门速度，画面整体就会曝光过度。

12.2.8　平静水面的倒影为画面增添魅力

　　拍摄水景的照片，可以寻找环境中与之相匹配的景色，如岸边的奇石或浅滩，水中长满苔藓的石头，或者在水流中飘逸的水草。比如在拍摄四川九寨沟照片时，借助水中童话般的色彩，配上漂浮的树干，可以营造出具有无限生机的水景照片。拍摄要主次有别，画面中不要纳入太多的拍摄对象，不过这并不是指不能纳入太多的元素，而是说各个元素要在形式或色彩上有一定的统一性，这样照片组合起来才不会显得杂乱无序。

光圈 f/9，快门速度 1/100s，焦距 25mm，感光度 ISO100

水面倒影可以丰富构图元素，并使画面给人一种和谐、优美的视觉感受

12.2.9 拍摄出仙境般的山间云海

    拍摄云海、雪地等高亮画面时，相机所谓的"智能"会让云海变灰，这当然是不对的。因此就需要摄影者进行人工调整，在拍摄时增加曝光补偿，将相机偷偷自动降低的曝光值追加回来，就是曝光的"白加"了。利用增加曝光补偿的手段，可以较准确的还原真实场景，拍摄出梦幻般的云海。

光圈 f/16，快门速度 1/90s，焦距 45mm，感光度 ISO200，曝光补偿 –0.5EV

合适的前景能够丰富画面层次，并使得画面更加耐看

光圈 f/7.1，快门速度 1/100s，焦距 55mm，感光度 ISO100

长城漂亮的云海

　　一般情况下，温度在 10 ~ 18℃这个范围时，蒸汽的变化最为剧烈，所以春秋两季的云海出现频率也最多。出现云海还有一个条件，就是风力的大小，当风力超过 3 级后，即使出现云海，也很容易被吹散。

　　摄影师拍摄美丽的云海，应做足准备工作。要早起，一般是在太阳出来前半小时到达拍摄点。这时拍摄的云海层次分明、光比小、色彩丰富，天色较暗，容易将云海拍成流动状。拍摄要登高，拍云海需登山，事先要找好上山路线，云海高度不一，登山的高度也要随着变化，要多走走多看看，不要被它"骗了"，千万不要中途放弃；要用三脚架，因为太阳出来前，光线弱，相机快门速度慢，

手持容易拍虚，若使用大光圈和提高感光度的办法，云海的呈现质量会大大下降；要增加曝光量，云海反光较强，在拍摄大面积云海时要增加 1 至 2 挡曝光量，否则会出现曝光不足的情况从而影响照片质量；要逆光或侧逆光拍摄，这样云海会有更多层次，增强透视感，云彩和云海的色调也会更加绚丽。

12.2.10 多云的天空让画面更具表现力

在风景摄影中另一个需要注意的因素是天空。很多风光摄影都会有大幅的前景或者天空，如果拍摄时天空的景色恰好很乏味、无聊的话，不要让天空的部分主宰了你的照片，可以把地平线的位置放在画面上 1/3 以上的地方。但是如果你拍摄时天空中有各种有趣形状的云团和多彩色泽的话，把地平线的位置放低，让天空中的精彩凸显出来。

光圈 f/16，快门速度 1/10s，焦距 24mm，感光度 ISO50

拍摄早晚两个时间段的天空，有漂亮的云层作为载体才够美

光圈 f/9，快门速度 1/640s，焦距 35mm，感光度 ISO100，曝光补偿 −0.3EV

阴雨密布的天气里，虽然云层不够透，但却能够渲染与众不同的意境

12.2.11 抓住晨昏时绚丽的光影和色彩

黄昏和黎明时的光线是非常适合摄影的，甚至可以称为摄影的黄金时间。在拍摄风光照片时，如果是在中午拍摄，你会发现所拍摄的画面中经常会因为光比太大而造成部分区域黑死，或者过曝。而在日出、日落的时候，拍摄风光照片就可以避免这个问题，并且画面会表现为一种暖洋洋的色调，给人很恬逸的感觉。

光圈 f/11，快门速度 1/320s，焦距 24mm，感光度 ISO320

下午 4 点以后的光线略微带一些暖意，给人很舒服的感觉

晴朗天气里的晨昏之所以是摄影的黄金时间，有以下两个原因：

（1）在晨昏时，太阳光线开始变弱，光比不会过于强烈，这样就很容易表现出较好的影调层次，且暗部不会曝光不足，亮部不会曝光过度，画面细节丰富；

（2）晨昏时，色温变低，光线开始泛红泛黄，会让拍摄出的画面变得暖暖的，令人感觉非常舒适。

光圈 f/16，快门速度 1/125s，焦距 95mm，感光度 ISO200，曝光补偿 +0.3EV

萧瑟的秋景在暖色调的光线下变得暖意洋洋的

第13章

从某种意义上来说，人像摄影是比较难的一个题材。不单要求摄影师有一定的技术及美学知识，还需要在拍摄时有优秀模特的配合。要拍摄出舒展、自然的人像写真照片，两者缺一不可。

人像摄影实拍技法

光圈 f/1.8，快门速度 1/250s，焦距 50mm，感光度 ISO100

13.1 不同光线下人像摄影的特点

13.1.1 散射光下拍人像能得到细腻的肤质

多云或阴天时室外的光线为散射光，由太阳被遮蔽后透过云层的弱光与环境中的反射光线构成，非常柔和，适宜拍摄人像。只要环境中的亮度足够，不但人物面部及衣物纹理等细节能完整展现，色彩表现力也将十分出众。室外散射光线下的环境亮度也不是完全均匀，毕竟太阳光会使场景散射光线产生一定的方向性，因此拍摄人物之前，应该为其找到合适的拍摄位置。可以在地势比较开阔的环境中拍摄，拍摄前让拍摄对象转动身位，摄影师注意观察光线的变化，然后找到合适的拍摄角度。

光圈 f/1.8，快门速度 1/640s，焦距 85mm，感光度 ISO320

在散射光环境中拍摄人像，人物肤色白皙，肤质细腻

光圈 f/2.2，快门速度 1/640s，焦距 85mm，感光度 ISO100

13.1.2　侧光善于表达特殊情绪

在侧光下，主体人物面向光线的一面沐浴在强光之中，而背光的那一面掩埋进黑暗之中，阴影深重而强烈，一般适合于表现人物性格鲜明的形象。此外因为光线会在人物面部的中线鼻梁位置形成受光面高亮而背光面为阴影的较大反差，所以如果要利用侧光拍摄出甜美的人像，需要使用反光板对背光面进行补光。

不过如果侧光运用合理，会让画面的明暗对比非常强烈，营造出一种深沉、悠远的氛围。

光圈 f/4.5，快门速度 1/200s，焦距 85mm，感光度 ISO1 000

光圈 f/4.5，快门速度 1/200s，焦距 85mm，感光度 ISO1 000

侧光拍摄人像，如果不对人物面部背光面补光，容易表现出一种特殊的情绪和氛围

13.1.3 逆光的两种经典效果

逆光是一种具有艺术魅力和较强表现力的光照，它能使画面产生完全不同于肉眼在现场所见到实际光线的艺术效果。逆光人像通常包括两种情况，一种是利用逆光来表现拍摄对象的明暗反差，可以形成轮廓鲜明、线条强劲的造型效果，俗称剪影。剪影一般是通过对背景中的高光部分测光，而人物部分因为曝光不足，只表现出形体的轮廓与线条，具有极强的视觉冲击力，同时也增强了环境的渲染力。另一种逆光人像，人物部分曝光正常，主要是通过在逆光拍摄时配合闪光灯、反光板等辅助器材的应用，使人物正面也正常曝光，增强逆光人像的艺术表现力。

光圈 f/2，快门速度 1/640s，焦距 85mm，感光度 ISO100

逆光拍摄时容易在人物周边形成亮边，头发部位会产生发际光，非常漂亮

光圈 f/2.8，快门速度 1/640s，焦距 148mm，感光度 ISO100

不使用遮光罩拍摄逆光人像，产生的眩光会让画面有一种梦幻般的效果

13.2 让人像好看的构图技巧

13.2.1 以眼睛为视觉中心，让画面生动起来

　　古人云画龙点睛，在人像摄影时眼睛更是如此。眼睛是心灵的窗户，是人像摄影照片的神韵所在，因此在拍摄人像时针对眼部精确对焦非常重要。如果眼部没有合焦，那么整张照片就会软绵绵的，失去关键点。不管模特摆出何种造型，也不管从何种角度拍摄，都必须针对眼部精确合焦。单反相机在使用大光圈、浅景深拍摄时，合焦位置稍稍偏移就会造成眼部失焦，特别是在放大的时候失焦现象尤其明显，因此要特别注意是否对焦在眼睛上，甚至要注意到应该对眼睛的哪一个部分合焦。

光圈 f/3.2，快门速度 1/250s，
焦距 85mm，感光度 ISO800

只要能够看到人物眼睛，拍摄时就应该对眼睛对焦，这样画面才会更加生动传神

光圈 f/2，快门速度 1/100s，
焦距 50mm，感光度 ISO250

室内拍摄时，还应该注意要在人物眼前的方向设置较强光源，这样人物眼睛中才会有眼神光，画面才会更加生动

13.2.2 虚化背景突出人物形象

　　摄影界有这样一个说法：摄影是减法的艺术，构图时要进行元素的取舍，或强调某些元素，或弱化某些元素。利用大光圈、小物距或长焦距拍摄，可以让繁杂的背景虚化，处于对焦平面的主体人物却非常清晰，这就是一种强调人物、弱化背景的减法构图。利用这种构图方式可以更加有效地突出拍摄对象。在拍摄现场，摄影者可以根据器材、拍摄场景的条件、想要背景模糊的程度来决定焦距、物距、光圈的组合。

光圈 f/1.6，快门速度 1/1 600s，焦距 85mm，感光度 ISO100

虚化背景可以有效突出拍摄的主体人物

13.2.3 简洁的背景突出人物形象

光圈 f/5.6，快门速度 1/125s，焦距 50mm，感光度 ISO100

色彩、明暗相差不大的背景可以视为简洁的背景，一般不会影响主体的表现力

进行人像摄影时，人物是主体，是画面要表现的中心，环境要起到衬托主体人物的作用，但不应该分散观者的注意力。既然人物主体是人像摄影的中心和摄影目的所在，那就应该将一切摄影创作都围绕人物主体展开，只有最大化地突出主体人物，才能够更好地表达主题，展示人物形象。突出人像拍摄对象形象最简单的一个方法就是寻找一个简洁的背景。可以想象，如果背景元素比较复杂、色彩比较绚丽，则分散观者的注意力，弱化人物的主体形象。

摄影者在拍摄之前就应该确定好主体人物所处的地点和面朝方向，这样摄影者在拍摄时的工作就简单了许多，仅对主体人物进行塑造即可。

13.2.4 广角人像的环境感

使用广角镜头拍摄人像，较大的视角就决定了画面中除了人物之外，还会有大量的环境因素。摄影师一定要通过技术或构图手段避免背景杂乱无章，这样才能确保主体人物突出。

光圈 f/2.8，快门速度 1/45s，焦距 28mm，感光度 ISO800

利用广角镜头拍摄人像，能够让画面有很强的现场感和环境感，但取景时要控制纳入取景器的环境元素，纳入过多元素会让画面显得杂乱

要将人物拍大就要靠近人物，这时需要合理控制广角带来的变形，因为靠近人物会使人物在画面中得到夸大，变得非常突出。这种夸张又不能过分，否则畸变会使人物形象面目全非。

光圈 f/2.8，快门速度 1/160s，焦距 17mm，感光度 ISO200

13.2.5　竖幅更适合拍摄人像

与看风景不同，大家观察某个人时，总是自上而下或是自下而上看，观察的角度是在竖直线上。拍摄人像也是这样，使用竖幅的构图方式拍摄，更有利于观者的观察，给人一种更自然、舒适的感觉。竖幅构图有宽广的竖直视角，可容纳主体人物从头至脚的所有部位。

唐艺 摄
光圈 f/1.2，快门速度 1/1 000s，焦距 85mm，感光度 ISO200

人的身形是上下延伸的，拍摄横幅人像，则人物左右两侧会有大片空白，如果纳入其他景物，又容易分散观者的注意力。横幅人像照片虽然环境感较强，但很难拍好。竖幅人像摄影，可以将人物拉近，尽可能显示出头部及肩部，拍摄七分或全身的竖幅人像，又很容易表现出主体人物的曼妙身材。

唐艺 摄
光圈 f/1.8，快门速度 1/800s，焦距 85mm，感光度 ISO100

竖幅构图的画面与人肢体走向相吻合，能够表现出更多人物肢体细节

13.2.6 低视角有利于表现人物高挑的身材

拍摄人像时，取景角度不同拍出的画面差别会很大。如果摄影师蹲下，采用稍稍仰视的方式拍摄站立的模特，能够将人物拍得更高大，显得人物身材修长，更加好看。

光圈 f/4.5，
快门速度 1/1 600s，
焦距 90mm，
感光度 ISO200

稍微仰拍可以将原本身材不算高的女性拍得更为高挑、漂亮

光圈 f/13，快门速度 1/125s，焦距 35mm，感光度 ISO100

坐姿的状态下，稍微仰拍也会让人物身形显得修长

13.2.7 平拍可获得非常自然的画面

平拍人像是指相机镜头与主体人物面部基本持平，或相差不大，这种高度所拍摄的画面效果符合人的视觉经验，与人眼直接看到的效果相似，这样拍摄出的画面看起来就会比较自然，无特殊变化。如果要追求画面有更强的视觉冲击力或特殊效果，就需要让模特摆出一些特别的动作或采用一些特殊的曝光技巧。

光圈 f/2.5，快门速度 1/1 000s，焦距 85mm，感光度 ISO320

尽量靠近主体人物，将人物面部表情拍清晰，增加视觉冲击力，可以在一定程度上增加平拍人像的画面效果

光圈 f/1.8，
快门速度 1/250s，
焦距 50mm，
感光度 ISO100

平拍可能缺乏一些灵动的感觉，这就更需要人物自身的动作和表情等来进行配合，让画面表现力更强

光圈 f/1.8，快门速度 1/500s，焦距 85mm，感光度 ISO320

13.2.8 用对角线构图获得更具活力的人像

光圈 f/1.4，快门速度 1/160s，焦距 85mm，感光度 ISO800

利用对角线构图拍摄人像，可以让画面富有动感，更具活力

使用传统人像构图拍摄出来的画面有时会显得活力不足，有些平淡，特别是在模特身材不够火辣或服饰没有很强视觉效果的情况下。这时摄影者可以尝试使用对角线构图法。这种构图讲究人物的摆姿与摄影者取景角度的协调，大多以竖幅的形式表现。如果模特是笔直站立的，摄影者可以调整拍摄视角，使人物形体在画面中以对角线的形式呈现。

利用对角线构图拍摄，会为画面带来足够的活力和视觉冲击力，给人与众不同的感受。

光圈 f1.8，快门速度 1/1 250s，焦距 85mm，感光度 ISO100

整体人物位于画面的左或右三分线处，画面会比较协调，并且人物形象比较突出

13.2.9　三分法构图在人像摄影中的应用

　　无论拍摄何种题材，构图的好坏都直接影响到画面的美感。这就是为什么拍摄同一位模特，有些人拍得好看，有些人就拍得相对差一些。三分法构图是摄影中最常见的构图手法。构图时，我们将画面由横向和纵向平均分成三份，重要表现对象一般安排在三分线的交汇处。因为在此位置上的拍摄对象会被突出表现，符合视觉舒适的原则，可通过合理调配拍摄对象在画面中的大小和位置的方式，使画面中的各个元素达到均衡。

　　三分法构图在人像摄影中有极为广泛的应用，通常情况下，把拍摄对象或其特定部位（如眼睛、脸庞等）放在三分线交汇处或附近，可突出人物形象，达到良好的视觉效果。现在大部分数码单反相机都内置有构图辅助线，拍摄时开启这个功能，相机会自动在取景器中添加构图辅助线，帮助摄影者构图。三分法构图对横幅和竖幅都适用，按照三分法安排主体和陪体，照片会显得紧凑有力。

人像摄影中，直幅构图的作品会比较多，这种情况将人物置于照片的左或右三分线处显然不太合适。但三分法构图同样适合于直幅构图的人像拍摄，具体为在取景时将人物的眼睛置于画面的上 1/3 处，这样观者能够直接与主体人物的眼睛进行交流，画面也会看起来比较协调自然。

光圈 f/1.4，快门速度 1/4 000s，焦距 85mm，感光度 ISO200

将人物眼睛放在画面的三分线处，这样的画面令人比较舒服

13.3 不同风格的人像画面

13.3.1 自然色人像风格

自然色系包括砖色、土红、墨绿、青绿、秋香色、橄榄绿、黄绿、灰绿、土黄、咖啡色、灰棕色、卡其色等，进行美女人像写真使用这类色彩，也是一种主流的色彩设计方式。搭配比较方便，可以随时根据主体人物的衣着进行拍摄，整体的自然环境也主要是这些色彩的组合。使用自然色系设计的摄影作品，能够表现出亲和力和轻松、自然的情感。但要注意如何拍摄出写真作品的特色。

光圈 f/2.8，快门速度 1/640s，焦距 85mm，感光度 ISO100

自然风格人像会给人一种轻松、自然、富有亲和力的感觉

光圈 f/1.8，快门速度 1/640s，焦距 85mm，感光度 ISO320

13.3.2 高调人像风格

高调人像摄影作品是由之前的黑白胶片摄影时代延伸到彩色摄影的一个概念。高调人像摄影作品的画面中，以浅色调为主，主要是白色和浅灰的色彩层次来构成，几乎占据画面的全部，少量深色调的色彩只能作为很小的点缀来出现。这种摄影作品能够表现出轻松、舒适、愉快的感觉，比较适合表现女性角色，特别是少女或一些特定场合下的成年女士。在拍摄高调人像时要注意，应该控制光线的色温，不要让画面因为色温的关系泛蓝或惨白。

光圈 f/2.2，快门速度 1/500s，焦距 85mm，感光度 ISO160

高调人像会令人产生一种明快、轻松的视觉体验

光圈 f/2.2，快门速度 1/320s，焦距 85mm，感光度 ISO400

13.3.3 低调人像风格

　　低调人像作品与高调人像作品的定义正好相反，是指以黑色为主的深色来构筑画面整体的层次，黑色几乎占据画面的全部区域，而浅色调的白色等仅作为点缀。这样可以让画面形成一种强烈的影调对比，可以表现出神秘、深沉、危险或高贵的感觉。低调人像作品有时具有很强的人物面部轮廓勾勒能力，是非常具有艺术气息的作品。

光圈 f/16，快门速度 1/125s，焦距 18mm，感光度 ISO200

低调人像能够表现出压抑或是神秘的感觉

花卉摄影，是以大自然或人工培育的花卉为拍摄对象的摄影题材。面对这些容易接近的花卉，拍摄看似简单，但如果不加思索地拍摄，往往只能得到平淡而并不出彩的作品。真正的花卉摄影创作，应该是非常严谨的，不单需要摄影者对取景构图等仔细思考，还需要使用三脚架、黑色背景布等附件，并在合适的时间段内拍摄，才能创作出好的花卉作品。

第14章

光圈 f/3.2，快门速度 1/125s，焦距 180mm，感光度 ISO100

花卉摄影实拍技法

14.1 花卉摄影附件的使用

14.1.1 用三脚架拍花卉

　　进行微距摄影，脚架是经常需要用到的器材，否则轻微的抖动都会拍出模糊的图像。另外，利用三脚架辅助拍摄，还可以帮助摄影者进行精确构图。

光圈 f/11，快门速度 1/800s，焦距 100mm，感光度 ISO400

使用三脚架辅助可进一步稳定相机，获得高清晰度、细腻的画质

光圈 f/2.8，快门速度 1/1 000s，焦距 55mm，感光度 ISO160

借助于三脚架，对拍摄的花朵等重点景物进行精确构图

小提示

一般情况下，使用三脚架可以最大程度上提高照片的清晰程度。

14.1.2 普通镜头拍摄专业微距效果：近摄环的应用

如果是非微距镜头，有时即使在最近对焦距离下拍摄，也无法达到1：1的拍摄放大倍率，要解决这个问题，可以使用近摄环。这样可以为摄影者省下购买专用微距镜头的钱。使用近摄环后，最终拍摄照片的画质并不会受到明显影响，因为近摄环就是一个金属环，中间没有光学镜片；但使用近摄环后，快门速度会变慢，因为近摄环会影响镜头的入光量，这样在拍摄微距照片时，可能就需要使用三脚架提高相机的稳定性；使用近摄环后，对焦方式与一般镜头不同，必须先转动变焦环进行初步的对焦，才能再转动对焦环进行对焦修正，如果是定焦镜头使用近摄环，则必须前后移动拍摄位置，否则无法完成对焦。

近摄环的功能就是缩短镜头的对焦距离，从而达到提升镜头放大倍率的目的

光圈 f/5，
快门速度 1/125s，
焦距 70mm，
感光度 ISO200，
曝光补偿 –0.7EV

使用近摄环，可以让原本对焦距离不够的镜头有更近的对焦距离，拍摄出漂亮的微距花卉作品。本例中，原本 70-200mm 镜头的最近对焦距离较远，但使用近摄环，则可以缩短这个距离，让画面更接近于 1：1 成像的微距效果

14.2　拍好花卉就6招

光圈 f/5，快门速度 1/160s，焦距 100mm，感光度 ISO400

清晨拍摄的菊花照片，花卉显得润娇嫩，画面效果较好

14.2.1　几点拍花最合适

根据季节，阳光强弱，可选择早上9～10点之前，下午3～4点之后拍摄，这些时间段阳光照射强度适宜，并且经过夜晚水汽的滋润，植物表面会显得非常娇嫩。如果想拍摄霜或露珠，则要在日出时短暂的时间段内拍摄，此时既有阳光的照射，霜还没化去。阳光霜华不能共存，这样的机会可遇不可求。

光圈 f/5，快门速度 1/60s，焦距 100mm，感光度 ISO400

在晨露尚未汽化时，可以拍摄出如水晶般的美感

14.2.2 手动选择对焦点：找准焦平面

微距摄影对于对焦的准确性要求相当高。近距离拍摄，有时 1mm 的焦距误差都会使拍摄对象虚化。在自动对焦范围许可的条件下，要设定 AF-S 的单次对焦，并设定较小的自由对焦点，移动对焦位置到花蕊上，可以让摄影者准确对焦。

俯拍花朵，对花蕊的柱头进行对焦，在这个焦平面上的物体是清晰的，而花的其他部分都呈现虚化的状态。

光圈 f/5.6，快门速度 1/180s，焦距 100mm，感光度 ISO100

拍摄微距花卉，不适合锁定对焦后移动视角重新构图，而是应该移动对焦点到主体位置上再进行拍摄，这样可以确保想要重点突出的位置非常清晰

　　拍摄大部分题材时，可以先对焦，然后锁定对焦再重新构图拍摄，但这种对焦拍摄方式存在余弦误差，拍摄近距离花卉及微距题材时总会产生脱焦现象。摄影者可以进行试验，近距离拍摄微距题材，锁定对焦后移动视角重新构图完成拍摄，此时会发现期望最清晰的位置肯定是虚的。

　　所以在拍摄微距及花卉时，要先取景构图，然后手动选择对焦点的位置，直接拍摄。根据构图的几个原则，如黄金分割法、九宫格构图法、对角线构图法及对称式构图法等，移动对焦点至适当位置，直接拍摄即可。

光圈 f/2.8，快门速度 1/1 000s，焦距 55mm，感光度 ISO160

先取景，完成后手动移动对焦点的位置覆盖于主体上，完成拍摄即可。这样可以让拍摄的蝴蝶头部是最清晰的

14.2.3　用什么测光模式拍花最理想

拍摄时要选择合适的位置进行测光以实现正确曝光。点测光时，如果对花瓣的亮处进行点测光，这样暗部会曝光不足，损失一些细节。这样拍摄的画面，主体醒目突出，非常漂亮。但是相应的测光及曝光的过程要复杂一些，需要点测光后，锁定对焦，再重新取景拍摄，最后的效果如右图所示。如果使用多重测光，操作简单些，但画面的曝光会比较均匀，如下页例图所示。

光圈 f/5.6，快门速度 1/3 200s，焦距 100mm，感光度 ISO800

利用点测光拍摄，较亮的主体花卉明亮度足够，但背景会被压暗

光圈 f/6.3，快门速度 1/400s，焦距 100mm，感光度 ISO400

利用多重测光拍摄，这样画面整体的曝光比较均匀。可以看到，相对而言，主体花卉并不算特别突出，后来通过裁剪，才让主体更突出了一些

14.2.4 花卉摄影中光圈大小的选择技巧

很多摄影爱好者都追求大光圈，浅景深，以达到背景虚化，突出主体的目的，习惯性地把光圈设置为最大。但100mm左右的微距镜头，需根据花朵距离的远近、颜色的深浅，设定适当的光圈。近摄时，过大的光圈导致过浅的景深会使花朵只有很小一部分清晰，如果想清晰的表现花蕊，需把光圈设定的适当小一点。

光圈 f/5.6，快门速度 1/320s，焦距 200mm，感光度 ISO100，曝光补偿 −0.3EV

拍摄时适当缩小光圈，能够将主体花朵的更多部分清晰地拍摄出来

光圈 f/5，快门速度 1/100s，焦距 100mm，感光度 ISO800

微距往往是近距离拍摄，并且微距镜头多为100mm左右的长焦。这样应该设定中小光圈拍摄才能让花蕊的大部分都清晰。本画面已经设定了 f/5 的中等光圈，但仍然偏大，可以看到花蕊有些部分还是发生了虚化

14.2.5 利用开放式构图增强画面视觉冲击力

封闭式构图的视觉心理是把视线集中在画面内，注意力集中在完整的主体上；而如果只截取景物的一部分进行表现，则可以把想象延伸到画面之外，让观者发挥联想和想象。拍摄花卉时，开放式构图是较常见的构图手段。

光圈 f/5，快门速度 1/160s，焦距 100mm，感光度 ISO400

如果采用封闭性构图的形式将花朵拍全，这样花蕊部分就不够突出和醒目了

光圈 f/5，快门速度 1/40s，焦距 100mm，感光度 ISO400

采用开放式构图，利用画质的锐度和花瓣优美的线条来营造画面。同时，给观者留下充分的想象空间，你或许会想到整个花朵是什么样子的

14.2.6 黑背景花卉的拍法

让照片的花朵主体明亮，而背景较暗，是经常见到的花卉拍法。要获得这种效果，通常有几个要素，或说是几种方法。第一种方法，可以携带一个黑色背景布，拍摄之前将黑色背景布放到花朵后面，这样直接拍摄即可。第二种方法，先选择一个合理的角度，从该角度看花朵时，有个较暗的背景；然后采用点测光的方式测较为明亮的花朵部分，这样可以进一步压暗背景，最终的效果就是黑背景了。

光圈 f/5，
快门速度 1/160s，
焦距 100mm，
感光度 ISO400

在花朵后面放上黑色的背景布，这样可以获得背景很干净的照片。拍摄主体的形态和细节非常漂亮

光圈 f/5，
快门速度 1/160s，
焦距 105mm，
感光度 ISO400

找暗背景，然后设定点测光或中心测光，测花朵亮部，这样可以拍摄到暗背景的照片效果

14.3 花朵上的昆虫

蜜蜂、蝴蝶、蜻蜓、螳螂都是拍摄花卉时经常遇到的昆虫，它们的出现让画面多了几分生机和动感，更富自然气息。在拍摄这些小生灵时，可以使用中长焦镜头，拍摄距离较远，避免惊扰到它们。拍摄时不妨反复观察，多尝试几个角度，如果镜头具有微距功能，也可以考虑将昆虫作为拍摄的拍摄主体而花卉作为衬托，寻找创作的新意。

光圈 f/5.6，快门速度 1/100s，焦距 100mm，
感光度 ISO250

对蝴蝶头部进行对焦，这是很难的。应该设定定点对焦，并设定 Af/-S 单次对焦的形式来拍摄。最好多拍摄几张，最终找到对焦最完美的一张，确保蝴蝶的头部最为清晰

要达到下图这种效果是最难拍的。因为蜜蜂等昆虫很容易受到惊吓，并且对焦还很容易受到周围花朵的干扰。通常情况下，要拍出这种效果，有以下几个要点。

（1）拍摄时动作幅度要小，否则会吓走昆虫。

（2）单点对焦是不行的，因为很难精确对准蜜蜂的头部。通常需要以对焦点扩展（最高5点或9点）的方式让合焦范围更大，然后进行连续拍摄。

（3）单次自动对焦的精度虽然很高，但对焦速度太慢，所以要设定人工智能自动或人工智能伺服自动对焦模式进行连续对焦。

（4）连续拍摄多张照片，最终挑选出对焦效果最理想的一张。

光圈 f/3.2，快门速度 1/1 600s，焦距 100mm，感光度 ISO200

拍摄蝴蝶、蜻蜓等活动迅速的昆虫具有相当的难度，它们通常极其警觉以至于很难被捕捉到镜头中，因此最好使用100mm左右的中长焦距镜头。这样不但能够让它们在安全的环境下自由活动，还可以让它们在画面中占据足够大的比例。

2015年初的日本CP+展会上，索尼展出了一支隶属G系列镜头的FE 90mm F2.8微距G OSS。这款镜头进一步完善了索尼FE卡口全画幅镜头，对于微距拍摄有需求的索尼全画幅微单™机身摄影者也不必再转接135画幅单反微距镜头了。

索尼G系列微距镜头：FE 90mm F2.8微距G OSS

光圈f/5.6，快门速度1/160s，焦距90mm，感光度ISO250

微距镜头画质是一流的，并且焦段足够，可以让用户在拍摄一些花朵上的昆虫时显得游刃有余夜景摄影是大多数摄影师都非常喜欢的一个题材。但要想拍好夜景，摄影师要掌握一些特定的知识及技巧。SONY α7R Ⅲ 的全画幅图像感应器性能出色，可以从容应对弱光条件下的拍摄需求。

第 **15** 章

光圈 f/5，快门速度 1/640s，焦距 200mm，感光度 ISO3 200

夜景实拍技法

15.1 拍摄夜景要做好哪些准备

夜景摄影与常态光线下的风光摄影不同，往往需要更为丰富多样的器材支持，抛开相机、镜头的因素，三脚架、快门线，甚至是手电筒等非摄影附件在夜景摄影中都是必不可少的。

（1）镜头：夜景摄影的主力镜头大多为广角，随着焦段的变长，使用的频率也会越来越低，焦距段在 12 ～ 70mm 的镜头也比较合适，但超过 50mm 的长焦端使用较少。

（2）三脚架：三脚架是夜景摄影的必备附件，因为夜景摄影大多以长时间的曝光为主；如果没有特殊的拍摄要求，建议选择搭载球型云台的三脚架。

（3）渐变滤镜（或灰卡）：拍摄一些高反差的大视角城市景观，或是建筑物，使用渐变滤镜可以修正画面整体的曝光程度。当然，如果没有携带渐变滤镜，使用一片黑卡也可以大致满足要求。

（4）快门线：快门线的使用可以让拍摄的稳定性更高，有效避免手指按快门时相机所产生的瞬间震动。

（5）手电筒：很多时候室外的光线非常暗，准备一个小型的手电筒可以辅助摄影者对相机进行操作，且有时可以利用手电筒来照亮夜景进行简单光绘。

方形渐变滤镜要使用单独的支架才能装在镜头上，而圆形渐变滤镜则可以直接旋转套在镜头前端

光圈 f/8，快门速度 5s，焦距 16mm，感光度 ISO400

专门外出拍摄夜景，除一般的渐变滤镜、三脚架等附件外，摄影师可能还需要借助于手电筒及头灯等附件才能装好三脚架、镜头、快门线等附件

15.2 夜景摄影的常识

15.2.1 让夜景画质细腻锐利

无论正常光线还是夜景风光题材，设定中小光圈是第一选择，这样可以获得大景深的效果，将远近景物都拍清晰。但是夜晚光线较弱，设定中小光圈之后，快门速度就要慢一些，这样才能获得充足的曝光量。

综合起来，夜景摄影的相机设定及要求总结如下。

（1）中小光圈＋慢速快门＋三脚架稳定拍摄是夜景摄影最显著的特点。通常情况下需要设定中小光圈，至于快门速度多慢，则要视拍摄的主题而定。

（2）设定低 ISO 感光度，可以确保有较为细腻的画质。

（3）设定拍摄 RAW+JPEG 的双格式进行拍摄，最终可以在后期打开 RAW 格式对照片的风格、白平衡等进行一定的调整和优化。而保留了 JPEG 格式则方便不善于后期处理的摄影者。

光圈 f/7.1，快门速度 4s，焦距 24mm，感光度 ISO200，曝光补偿 +1EV

拍摄城市夜景，最好是在晚上 9 点之后，待逛街或旅游的人都大致散尽之后再来拍摄

正确的设定相机参数，并稳定的拍摄之后，高像素相机可以带来非常锐利、细腻的画质，即便是进行大幅度裁剪，画面细节仍然令人满意

15.2.2 快门速度是夜景摄影成败的关键

夜晚街道车流的光绘效果、照明光源的星芒、夜空银河及星轨等都是夜景摄影作品迷人的亮点。要拍摄好这些主题，通常需要摄影者对快门速度进行特定的控制。

无论是街道上行驶中的汽车，还是水面移动的船只，利用 2 ~ 30s 的快门速度，大都可以拍摄下灯光运动的轨迹，这种光绘非常漂亮。当然，具体的快门速度设定是无法准确界定的，本书所提供的参数也是仅供参考，因为不同的拍摄对象其运动速度是不同的，即便同样是街道的车流，城市的外环路与市内街道车速是完全不同的。2s 的快门速度可以确保高速公路的汽车拉出长长的轨迹，而在拥挤的市内则可能只需要十几秒的时间。

而要拍摄星空的银河及星轨，则需要 30s 以上的快门时间，有可能是数分钟，甚至是十几分钟。

高层建筑上不适合拍摄街道漂亮的车灯线条。选择在高层建筑拍摄，那么距离拍摄会过远，从这个角度看高层建筑上更适合拍摄城市全景。最好的机位应该是街边商铺的 2 楼，或是过街天桥上。

但是应该注意，如果是晚上 10 点之前，一般的过街天桥上会有频繁通过的行人，有些天桥在有人经过时会发生颤动，这种颤动会影响夜景的拍摄。

光圈 f/16，快门速度 6s，焦距 16mm，感光度 ISO200，曝光补偿 –1EV，多张堆栈

像是这张照片，因为楼层较高，所以车流显得密集而不够醒目，所以进行了适当裁剪，强化路面景观

光圈 f/11，快门速度 2s，
焦距 16mm，
感光度 ISO100，
曝光补偿 +1EV

拍摄街道的车流时，如
果快门速度不足 5s，那
么车灯的线条偶尔会出
现一些断断续续的状态，
那是一种与众不同的风
格

光圈 f/10，快门速度 15s，焦距 16mm，感光度 ISO100

想拍到连起来的车流，一般要超过 10s 的快门速度才可以

15.2.3 光线微弱的场景怎样完成对焦

过于在意能否拍摄出漂亮的夜景照片，往往会让摄影者忽视最基本的问题，比如说夜晚弱光下的对焦成败。数码单反相机在微光下有时会无法完成自动对焦，手动对焦又无法看清取景器内的明暗，怎么办呢？

弱光对焦的操作方式如下。

（1）拍摄近处的景物时，可以开启相机内的辅助对焦功能，由相机发射光线（高档单反可发射红外光辅助完成对焦）照亮拍摄对象，完成对焦。

（2）同样是拍摄近处的景物，开启闪光灯，以闪光照明，完成对焦，此时改为手动对焦，然后关闭闪光灯，完成拍摄即可。

（3）拍摄远处的景物时，先使用自动对焦，对远处的光源对焦（十几米之外的即可，不一定是拍摄的主体，十几米远的距离与你拍摄的主体都可以等同于无穷远），对焦完成后，切换到手动对焦模式即可完成拍摄。

（4）使用手动对焦模式，转动对焦环，观察调整镜头上的距离表，调整到∞（无穷远），然后完成拍摄即可（需要注意的是许多入门级镜头，即所谓的"狗头"可能没有距离表，那就需要按照第（3）条来实现对焦了）。

光圈 f/4，快门速度 20s，焦距 16mm，感光度 ISO2 000

类似于本画面这种没有任何光源照明的夜景中，如果要实现对焦，往往就需要前面正文中介绍的弱光对焦技巧了

15.2.4 刚入夜时拍摄景别与层次都丰富的夜景

许多摄影师喜欢在太阳刚下山，天色尚未完全暗下来时拍摄夜景。此时的天空还没有完全黑下来，还带有晚霞的余光，如果天气好的情况下还有云彩的映衬，建筑和街道不同颜色的灯光都逐渐开启。这样经过长时间曝光拍摄，照片画面中会同时存在天空的霞光与地面的灯火，画面内容显得更加丰富。

光圈 f/8，快门速度 1/15s，焦距 16mm，感光度 ISO200

太阳落山之后，近处已经入夜，但仍然有余晖反射，画面这种光线光影搭配，非常漂亮

光圈 f/13，快门速度 30s，焦距 65mm，
感光度 ISO100，曝光补偿 +1EV

刚入夜时，将霞光与地面的景物都纳入到画面中，是拍摄大片的诀窍所在。要拍摄这种美景，需要提前到达拍摄现场，趁天色还明亮时观察周围状况。且应该在天尚未完全暗下来时就将相机固定在三脚架上，否则天色暗下来之后就很难看清地平线的水平了，所以最好事先调整画面到水平

15.3 星空摄影

15.3.1 银河的两种形态

一般来说，每年的 4~10 月是较好的拍摄银河的时间，另外几个月里，银河出现在上空的时间是白天，自然拍不到。到了夏季，银河最亮的银心出现在天空，是观赏和拍摄银河的最佳时间段。

拍摄银河，最好是设定大光圈，这样可以将一些比较暗的星星也拍摄出来，并且更容易获得较短的曝光时间。焦段以 16mm 甚至更广的焦距为佳，感光度应该设定在 ISO2 500 以上，最终曝光时间应该在 30s 之内。如果超过了 30s，那星星会产生拖尾现象，就不再是单独的点了。

对焦及镜头控制方面，要关掉镜头防抖，设为手动对焦。通过距离表将对焦距离对在无穷远处，然后再稍稍拧回来一点。如果是无穷远对焦，那可能会出现前景不够清晰的问题。

在正式拍摄之前，可以先设定 10 000 左右的感光度数值，快速拍摄一张，确定一下构图范围，确定好之后，再用之前书中介绍的参数进行拍摄。

在适合拍摄银河的季节，可以通过接片的方式，得到银河全拱。

光圈 f/2.8，快门速度 25s，焦距 14mm，感光度 ISO1 600

秋季银河最精彩的部分会立起来，并接近地面，可以只截取这部分进行表现

光圈 f/2.8，快门速度 20s，焦距 24mm，感光度 ISO2 200

将相机竖起来，采用直幅的方式拍摄。横向连拍 6 ~ 10 张，得到银河拱桥的形态

15.3.2 星轨的三种玩法

地球是自转的，人与地球一起自转，这样原本静态的星空相对于地球来说就是运动的，只是比较慢，肉眼不可见而已，但通过长时间曝光却可以记录这种相对运动的星星轨迹。而地球的自转有一个正对北方的轴，只要摄影者对准了正北方（通常是北极星），那记录下来星星轨迹就是一个椭圆形的轨道。

拍摄之前，要寻找北极星确定圆形轨道的圆心，很多人喜欢在手机中下载一个 APP 应用软件"星空指南"或"星空地图"，从而快速找到北极星，其实不用那么麻烦，用手机自带的指南针也可以大致确定。接着，用相机对准北极星进行拍摄即可。

拍摄银河，有三种主要方法。

（1）设定长时间曝光的方式拍摄。降低感光度，设定中小光圈，这样曝光 30 分钟以上，可以得到相对较长的星轨。

（2）当前的相机大都有多重曝光功能，设定多重曝光的张数为最大（可能是 9 张），单张曝光设定为 3 ~ 5 分钟，这样合起来的曝光时间就能到 30 ~ 45 分钟，星轨就会很漂亮了。

（3）使用堆栈的方法拍摄星轨，并且这是当前最主流的创作方式。

堆栈，在摄影领域是指一种特殊的动态画面构成形式，摄影师可以用堆栈的方式来得到许多无法用相机直接拍摄，或是很难拍好的照片效果，如完美星轨（低噪点）、全景深、流动的云等特效。

说到本质上，Photoshop 当中的堆栈就是图层的叠加合成。从多张素材图片中提炼出动态的元素并衔接起来，打造出动感的景物对象。对于星空来说，比如用 30s 拍一张照片，那 120 张照片就是 3 600s，也就是 1 个小时，1 个小时的时长，星轨比较漂亮，摄影者没有必要追求超过 2 个小时的总时长。这样来说，如果设定 30s 的单张曝光时间，100 张左右就足够了。如果存储容量有限，或是计算机运行速度不够，那可以考虑设定单张有 1 ~ 2 分钟的曝光时间，这样只需要 30 ~ 60 张照片就可以了。

光圈 f/5，快门速度 30s，焦距 16mm，感光度 ISO2 500

单张曝光时间为 30s 的照片素材

光圈 f/5，快门速度 30s，焦距 16mm，
感光度 ISO2 500

部分照片素材，可能会有光污染，但因为此时是进行最大值堆栈（只统计对应位置最亮的像素），那可以用黑色画笔将有光污染素材中的光污染涂抹掉，这样不会影响到最终堆栈合成的效果

直接使用相机进行长达数小时的拍摄，那几乎是很难实现的操作。

（1）长时间曝光会产生大量噪点，并且很多噪点与星星混在一起，让人无法分辨，自然也无法降噪。即便强行降噪，画质也会不够清晰。

（2）相机可能会无法支撑过长的曝光，如果突然断电，将前功尽弃。

（3）在拍摄中途不小心碰到了三脚架，也会直接导致拍摄失败。

（4）拍摄夜景，高光部分极易曝光过度，不容易控制。但采用堆栈的方式进行创作，就很容易控制高光，不会出现大片死白过曝的区域。

光圈 f/5，快门速度 30s，焦距 16mm，感光度 ISO2 500，多张堆栈

使用堆栈的方式，得到星轨的画面

15.4 堆栈车轨

　　星轨可以堆栈，是因为相对于地面静态的机位来说，星星是有运动的，同样的道理，对于夜晚的汽车来说也是这样，使用堆栈的方式，可以获得漂亮的车轨效果。

光圈 f/8，快门速度 20s，焦距 16mm，感光度 ISO400

拍摄车轨，可以在傍晚天色还不是太晚的时候，先拍摄一张地面景色，保证有良好的环境信息

光圈 f/8，快门速度 30s，焦距 16mm，感光度 ISO400

拍摄单张的照片素材

光圈 f/8，快门速度 30s，焦距 16mm，感光度 ISO400，多张堆栈

利用堆栈得到超长时间的车流画面

拍摄这张照片时，整个山间没有其他人，更没有来往的车流，最后没有办法，只能开车自己下去拉车轨。

拍摄过程如下。

相机设定中等感光度，中等光圈，30s 的快门速度，用快门线控制进行连拍；开车一直到山底，然后再开回拍摄点，结束拍摄。拍摄结束后，在软件当中进行堆栈合成，再对合成后的画面进行色彩及影调等优化，最后输出。